吉林省矿产资源潜力评价系列成果，
是所有在白山松水间
辛勤耕耘的几代地质工作者
集体智慧的结晶。

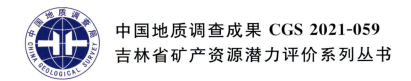

中国地质调查成果 CGS 2021-059
吉林省矿产资源潜力评价系列丛书

吉林省硫铁矿矿产资源潜力评价

JILIN SHENG LIUTIEKUANG KUANGCHAN ZIYUAN QIANLI PINGJIA

李德洪　崔　丹　松权衡　于　城　等编著

中国地质大学出版社
ZHONGGUO DIZHI DAXUE CHUBANSHE

图书在版编目(CIP)数据

吉林省硫铁矿矿产资源潜力评价/李德洪等编著. —武汉:中国地质大学出版社,2021.9
(吉林省矿产资源潜力评价系列丛书)
ISBN 978-7-5625-4905-5

Ⅰ.①吉⋯
Ⅱ.①李⋯
Ⅲ.①黄铁矿-资源潜力-资源评价-吉林
Ⅳ.①P618.310.623.4

中国版本图书馆 CIP 数据核字(2021)第 186877 号

吉林省硫铁矿矿产资源潜力评价			李德洪 等编著
责任编辑:王 敏	选题策划:毕克成 段 勇 张 旭		责任校对:张咏梅
出版发行:中国地质大学出版社(武汉市洪山区鲁磨路388号)			邮编:430074
电　　话:(027)67883511	传　　真:(027)67883580		E-mail:cbb@cug.edu.cn
经　　销:全国新华书店			http://cugp.cug.edu.cn
开本:880毫米×1 230毫米　1/16		字数:310千字	印张:9.75
版次:2021年9月第1版		印次:2021年9月第1次印刷	
印刷:武汉中远印务有限公司			
ISBN 978-7-5625-4905-5			定价:188.00元

如有印装质量问题请与印刷厂联系调换

吉林省矿产资源潜力评价系列丛书
编委会

主　任：林绍宇
副主任：李国栋
主　编：松权衡
委　员：赵　志　赵　明　松权衡　邵建波　王永胜　于　城　周晓东
　　　　吴克平　刘颖鑫　闫喜海

《吉林省硫铁矿矿产资源潜力评价》

编著者：李德洪　崔　丹　松权衡　于　城　庄毓敏　杨复顶
　　　　王　信　张廷秀　李任时　王立民　徐　曼　张　敏
　　　　苑德生　袁　平　张红红　王晓志　曲洪晔　宋小磊
　　　　任　光　马　晶　崔德荣　刘　爱　王鹤霖　岳宗元
　　　　付　涛　闫　冬　李　楠　李　斌

前　言

"吉林省矿产资源潜力评价"为国土资源部（现为自然资源部）中国地质调查局部署实施的"全国矿产资源潜力评价"省级工作项目，主要目标是在现有地质工作程度的基础上，充分利用吉林省基础地质调查和矿产勘查工作成果和资料，充分应用现代矿产资源评价理论方法和GIS评价技术，开展全省重要矿产资源潜力评价，基本摸清全省矿产资源潜力及其空间分布。开展吉林省成矿地质背景、成矿规律、物探、化探、遥感、自然重砂、矿产预测等项工作的研究，编制各项工作的基础和成果图件，建立全省重要矿产资源潜力评价相关的地质、矿产、物探、化探、遥感、重砂空间数据库。工作起止年限：2006—2013年。

《吉林省硫铁矿矿产资源潜力评价》是"吉林省矿产资源潜力评价"的系列丛书之一。本书全面系统地总结了吉林省硫铁矿矿产资源的勘查研究历史、存在的问题及资源分布，划分了矿床成因类型，研究了成矿地质条件及控矿因素。该项目完成了硫铁矿4个典型矿床研究，编制了典型矿床成矿要素图和预测要素图、成矿模式图和预测模型图及数据库、说明书、元数据各4份；编制了预测工作区成矿要素图、工作区预测要素图、预测成果图及数据库、说明书、元数据各5份，预测工作区成矿模式图、预测模型图各5幅；编制了吉林省1∶50万硫铁矿矿产预测类型分布图、成矿规律图、预测成果图、勘查工作部署图、未来矿产开发基地预测图及数据库、说明书、元数据各1份。从吉林省大地构造演化与硫铁矿时空的关系、区域控矿因素、区域成矿特征、矿床成矿系列、区域成矿规律研究，以及物探、化探、遥感信息特征等方面总结了预测工作区及全省硫铁矿成矿规律，预测了吉林省硫铁矿资源量，总结了重要找矿远景区地质特征与资源潜力。

本书是吉林省地质工作者集体劳动智慧的结晶，在研究和报告编写过程中参考和援引了大部分前人的科研工作成果，由于时间和通信等因素制约，没能和每一位作者取得联系，在此，项目组的全体工作人员对他们的辛勤劳动表示高度的敬意，对他们提供的科研工作成果致以深深的感谢！

吉林省国土资源厅（现为自然资源厅）田力厅长、滕纪奎副厅长、杨振华处长等，在项目的实施过程中积极组织领导、落实资金、组织协调，对各种问题作出指示或指导性意见与建议，确保了项目的顺利实施，项目组全体工作人员在此表示衷心的感谢！

吉林省地质矿产勘查开发局郭文秀局长，地质调查院赵志院长、刘建民副院长在整个项目的实施过程中给予技术上和人员上的大力支持；陈尔臻教授级高工在项目的实施过程中给予悉心的技术指导，提出了宝贵的建议。项目组全体工作人员在此一并致以诚挚的谢意！

编著者
2020年10月

目 录

第一章 概 述 …………………………………………………………………………… (1)
 第一节 工作概况 ……………………………………………………………………… (1)
 第二节 工作思路 ……………………………………………………………………… (3)
 第三节 完成的工作量及取得的主要成果 …………………………………………… (4)
 第四节 矿产勘查研究程度及基础数据库现状 ……………………………………… (8)

第二章 区域地质概况 …………………………………………………………………… (11)
 第一节 成矿地质背景 ………………………………………………………………… (11)
 第二节 区域矿产特征 ………………………………………………………………… (17)
 第三节 区域地物、地化、遥感、自然重砂特征 ……………………………………… (18)

第三章 成矿地质背景研究 ……………………………………………………………… (33)
 第一节 技术流程 ……………………………………………………………………… (33)
 第二节 建造构造特征 ………………………………………………………………… (33)

第四章 典型矿床与区域成矿规律研究 ………………………………………………… (40)
 第一节 技术流程 ……………………………………………………………………… (40)
 第二节 典型矿床研究 ………………………………………………………………… (41)
 第三节 预测工作区成矿规律研究 …………………………………………………… (76)

第五章 物探、化探、遥感、自然重砂应用 ……………………………………………… (84)
 第一节 重 力 ………………………………………………………………………… (84)
 第二节 磁 测 ………………………………………………………………………… (86)
 第三节 化 探 ………………………………………………………………………… (89)
 第四节 遥 感 ………………………………………………………………………… (89)
 第五节 自然重砂 ……………………………………………………………………… (100)

第六章 矿产预测 ………………………………………………………………………… (103)
 第一节 矿产预测方法类型及预测模型区选择 ……………………………………… (103)
 第二节 矿产预测模型与预测要素图编制 …………………………………………… (103)
 第三节 预测区圈定 …………………………………………………………………… (119)
 第四节 预测要素变量的构置与选择 ………………………………………………… (119)
 第五节 预测区优选 …………………………………………………………………… (121)
 第六节 资源量定量估算 ……………………………………………………………… (122)
 第七节 预测区地质评价 ……………………………………………………………… (126)
 第八节 全省硫铁矿资源总量潜力分析 ……………………………………………… (130)

第七章 硫铁矿成矿规律总结 …………………………………………………………… (131)
 第一节 成矿区(带)划分 ……………………………………………………………… (131)
 第二节 区域成矿规律 ………………………………………………………………… (132)

第八章　勘查部署工作建议 (138)
　　第一节　已有勘查程度 (138)
　　第二节　矿业权设置情况 (138)
　　第三节　勘查部署建议 (138)
　　第四节　勘查机制建议 (139)
　　第五节　未来勘查开发工作预测 (140)
第九章　结　论 (142)
主要参考文献 (143)

第一章 概 述

第一节 工作概况

一、项目来源

为了贯彻落实《国务院关于加强地质工作的决定》中提出的"积极开展矿产远景调查和综合研究,科学评估区域矿产资源潜力,为科学部署矿产资源勘查提供依据"的要求和精神,自然资源部(原国土资源部)部署了"全国矿产资源潜力评价"项目工作。"吉林省矿产资源潜力评价"项目为"全国矿产资源潜力评价"项目的省级子项目。根据中国地质调查局地质调查项目任务书要求,"吉林省矿产资源潜力评价"项目由吉林省地质调查院承担。

项目编码:1212011121005。

任务书编号:资〔2011〕02-39-07号、资〔2012〕02-001-007号。

所属计划项目:"全国矿产资源潜力评价"项目。

项目承担单位:吉林省地质调查院。

归口管理部室:中国地质调查局资源评价部。

项目性质:资源评价。

项目工作时间:2007—2012年。

项目参加单位:吉林省区域地质矿产研究所。

二、工作目标

(1)在现有地质工作程度的基础上,充分利用吉林省基础地质调查和矿产勘查工作成果与资料,充分应用现代矿产资源预测评价的理论方法和GIS评价技术,开展吉林省硫铁矿资源潜力评价,基本摸清硫铁矿资源潜力及其空间分布。

(2)开展吉林省与硫铁矿有关的成矿地质背景、成矿规律、物探、化探、遥感、自然重砂、矿产预测等项工作的研究,编制各项工作的基础和成果图件,建立全省硫铁矿资源潜力评价相关的地质、矿产、物探、化探、遥感、自然重砂空间数据库。

(3)培养一批综合型地质矿产人才。

三、工作任务

1. 成矿地质背景

对吉林省已有的区域地质调查和专题研究资料包括沉积岩、岩浆岩（火山岩、侵入岩）、变质岩、大型变形构造等各个方面，按照大陆动力学理论和大地构造相工作方法，依据技术要求的内容、方法和程序进行系统整理归纳。以1：25万实际材料图为基础，编制吉林省沉积（盆地）建造构造图、火山岩相构造图、侵入岩浆构造图、变质建造构造图及大型变形构造图，从而完成吉林省1：50万大地构造相图的编制工作。

在分析总结成矿大地构造环境的基础上，按矿产预测类型的控制因素及分布，分析成矿地质构造条件，为矿产资源潜力评价提供成矿地质背景和地质构造预测要素信息，为吉林省重要矿产资源评价项目提供区域性和评价区基础地质资料，完成吉林省成矿地质背景课题研究工作。

2. 成矿规律与矿产预测

在现有地质工作程度的基础上，全面总结吉林省基础地质调查和矿产勘查工作成果及资料，充分应用现代矿产资源预测评价的理论方法和GIS评价技术，开展硫铁矿资源潜力预测评价，基本摸清吉林省重要矿产资源潜力及其空间分布。

重点是研究硫铁矿典型矿床，提取典型矿床的成矿要素，建立典型矿床的成矿模式；研究典型矿床区域内地质、物探、化探、遥感和矿产勘查等综合成矿信息，提取典型矿床的预测要素，建立典型矿床的预测模型；在典型矿床研究的基础上，结合地质、物探、化探、遥感和矿产勘查等综合成矿信息确定硫铁矿的区域成矿要素和预测要素，建立区域成矿模式和预测模型。

深入开展全省范围的硫铁矿区域成矿规律研究，建立硫铁矿成矿谱系，编制硫铁矿成矿规律图；按照全国统一划分的成矿区（带），充分利用地质、物探、化探、遥感和矿产勘查等综合成矿信息，圈定成矿远景区和找矿靶区，逐个评价Ⅴ级成矿远景区资源潜力，并进行分类排序；编制硫铁矿成矿规律与预测图。

以地表至2 000m以浅为主要预测评价范围，进行硫铁矿资源量估算，汇总全省硫铁矿预测总量，编制单矿种预测图、勘查工作部署建议图和未来开发基地预测图。

3. 综合信息

以成矿地质理论为指导，为吉林省区域成矿地质构造环境及成矿规律研究，建立矿床成矿模式、区域成矿模式及区域成矿谱系研究提供信息，为圈定成矿远景区和找矿靶区、评价成矿远景区资源潜力、编制成矿区（带）成矿规律与预测图提供物探、化探、遥感、自然重砂方面的依据。

建立并不断完善与矿产资源潜力评价相关的物探、化探、遥感、自然重砂数据库，实现省级资源潜力预测评价综合信息集成空间数据库，为今后开展矿产勘查的规划部署奠定扎实基础。

4. 信息集成

对1：50万地质图数据库，1：20万数字地质图空间数据库、吉林省矿产地数据库，1：20万区域重力数据库、航磁数据库，1：20万化探数据库、自然重砂数据库、吉林省工作程度数据库、典型矿床数据库进行全面系统维护，为吉林省重要矿产资源潜力评价提供基础信息数据。

用GIS技术服务于矿产资源潜力评价工作的全过程（解释、预测、评价和最终成果的表达）。

资源潜力评价过程中针对各专题进行信息集成工作，建立吉林省重要矿产资源潜力评价信息数据库。

四、项目管理

项目管理以省领导小组办公室为管理核心，以项目总负责人、技术负责人、各专题项目负责人为主要管理人员，具体开展如下管理工作。

（1）与全国矿产资源潜力评价项目办公室（简称全国项目办）、沈阳地质调查中心的业务沟通与联系。及时传达中国地质调查局资源评价部、全国矿产资源潜力评价项目办、沈阳地质调查中心的技术要求与行政管理精神，并组织好吉林省矿产资源潜力评价项目的工作开展，做到及时、准确地与中国地质调查局资源评价部、全国项目办、沈阳地质调查中心的业务沟通与联系。

（2）落实省领导小组、领导小组办公室的指示。对领导小组、领导小组办公室针对项目实施过程中存在的各种问题所做出的指示或指导性意见与建议，要及时地予以落实，贯彻项目组在工作中实施或修正。

（3）协调省内各地勘行业地质成果资料的统一使用。由于本次工作需要的资料要求种类齐全，且涉及矿种多，尤其是以往形成的原始资料，要协调所有地质资料馆和地勘行业部门或行业内部的单位，将已经取得的成果统一使用。

（4）组织项目组技术骨干参加全国项目办组织的各种业务培训。经常组织项目组全体人员开展业务讨论，使每一个项目组成员对项目的重要性、技术要求都有比较深入的了解，更好地理解统一组织、统一思路、统一方法、统一标准、统一进度的基本工作原则，发挥项目组成员主观能动性和各方面优势，实现项目有序、融合、协调、和谐地开展。

（5）组织全国、省际及省内的业务技术交流。为了使项目更加顺利地开展，组织项目组的技术骨干到工作开展速度快、水平较高并且阶段性成果比较显著的省份进行学习和业务交流。

（6）解决项目实施中的技术问题。由于开展吉林省矿产资源潜力评价工作在吉林省地质工作历史上尚属首次，项目所采用的全部是新理论、新技术、新方法，所以在项目开展的实际工作中，项目人员既会存在对新理论理解和认识上的偏差，也会存在对新技术理解、认识、应用存在难点，对新方法的实际应用难免会存在这样或那样的问题。管理组要针对项目实施中存在的技术问题及时解决，保障项目的顺利开展。解决办法包括：项目组的技术负责或专业技术人员自行研究解决；与全国项目办或专题组进行沟通，共同研究解决办法，实现技术问题的及时解决。

（7）严格质量管理，建立健全三级质量管理体系，对质量严格考核。

第二节 工作思路

一、指导思想

以科学发展观为指导，以提高吉林省硫铁矿矿产资源对经济社会发展的保障能力为目标，以先进的成矿理论为指导，以"全国矿产资源潜力评价"项目总体设计书为总纲，以 GIS 技术为平台，规范而有效的资源评价方法、技术为支撑，以地质矿产调查、勘查及科研成果等多元资料为基础，在中国地质调查局及全国项目组的统一领导下，采取专家主导、产学研相结合的工作方式，全面、准确、客观地评价吉林省硫铁矿矿产资源潜力，提高对吉林省区域成矿规律的认识水平，为吉林省及国家编制中长期发展规划、部署矿产资源勘查工作提供科学依据及基础资料。同时通过工作完善资源评价理论与方法，并培养一批科技骨干及综合研究队伍。

二、工作原则

坚持尊重地质客观规律实事求是的原则；坚持一切从国家整体利益和地区实际情况出发，立足当前，着眼长远，统筹全局，兼顾各方的原则；坚持全国矿产资源潜力评价"五统一"的原则；坚持由点及面，由典型矿床到预测区逐级研究的原则；坚持以基础地质成矿规律研究为主，以物探、化探、遥感、重砂多元信息并重的原则；坚持由表及里，由定性到定量的原则；坚持以充分发挥各方面优势尤其是专家的积极性，产学研相结合的原则；坚持既要自主创新符合地区地质情况，又可进行地区对比和交流的原则，坚持全面覆盖、突出重点的原则。

三、技术路线

充分搜集以往的地质矿产调查、勘查、物探、化探、自然重砂、遥感及科研成果等多元资料；以成矿理论为指导，开展区域成矿地质背景、成矿规律、物探、化探、自然重砂、遥感多元信息研究，编制相应的基础图件，以Ⅳ级成矿区（带）为单位，深入全面总结主要矿产的成矿类型，研究以成矿系列为核心内容的区域成矿规律；全面利用物探、化探、遥感所显示的地质找矿信息；运用体现地质成矿规律内涵的预测技术，全面、全过程应用GIS技术，在Ⅳ级、Ⅴ级成矿区内圈定预测区的基础上，实现全省硫铁矿资源潜力评价。

四、工作流程

预测工作流程见图1-2-1。

第三节　完成的工作量及取得的主要成果

一、完成的主要工作量

1. 成矿地质背景

编制硫铁矿预测工作区1∶5万预测建造构造底图5张，编写了编图说明书5份，建立了相关数据库、元数据文件5份。

2. 成矿规律与成矿预测

完成的工作量见表1-3-1。

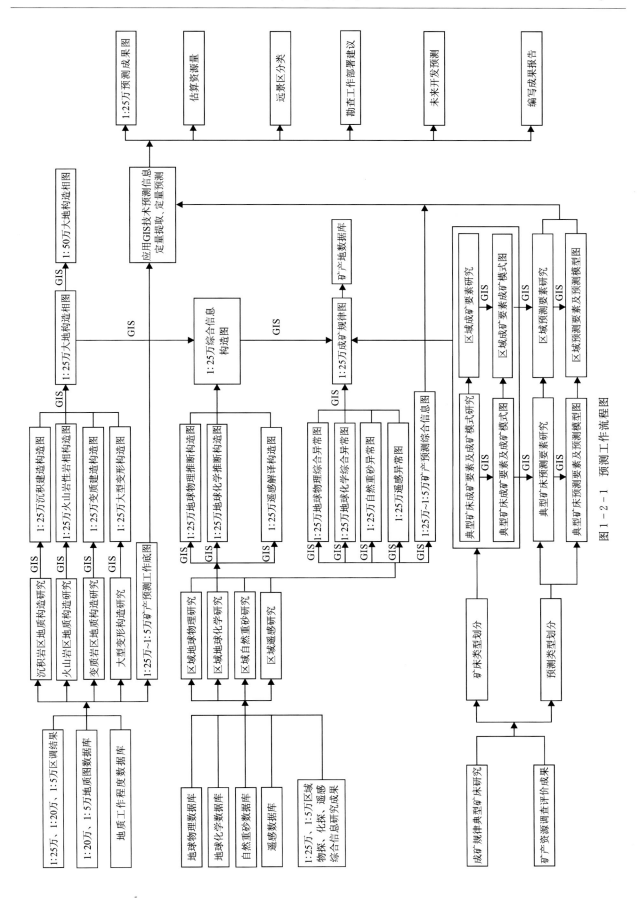

图 1-2-1 预测工作流程图

表 1-3-1　硫铁矿成矿规律与成矿预测图件

编图类别	图件名称	编图数量/幅	数据库、说明书、元数据/份
典型矿床	硫铁矿典型矿床成矿要素图及数据库、说明书、元数据	4	各4
	硫铁矿典型矿床预测要素图及数据库、说明书、元数据	4	各4
	硫铁矿典型矿床成矿模式图	4	
	硫铁矿典型矿床预测模型图	4	
预测工作区	硫铁矿预测工作区成矿要素图数据库、说明书、元数据	5	各5
	硫铁矿预测工作区预测要素图数据库、说明书、元数据	5	各5
	硫铁矿预测工作区预测成果图数据库、说明书、元数据	5	各5
	硫铁矿区域预测网格单元分布图数据库、说明书、元数据	5	各5
	硫铁矿区域预测网格单元优选分布图数据库、说明书、元数据	5	各5
	硫铁矿预测工作区成矿模式图	5	
	硫铁矿预测工作区预测模型图	5	
省级基础图件类	省级硫铁矿矿产预测类型分布图数据库、说明书、元数据	1	各1
	省级硫铁矿区域成矿规律图数据库、说明书、元数据	1	各1
	省级硫铁矿Ⅳ级、Ⅴ级成矿区（带）图数据库、说明书、元数据	1	各1
	省级硫铁矿预测成果图数据库、说明书、元数据	1	各1
	省级硫铁矿勘查工作部署图数据库、说明书、元数据	1	各1
	省级硫铁矿未来矿产开发基地预测图数据库、说明书、元数据	1	各1
合　计		57	39

3. 物探

重力和磁测完成的工作量见表 1-3-2。

表 1-3-2　硫铁矿重力与磁测图件

专业	编图类别	图件名称	编图数量/幅	数据库、说明书、元数据/份
重力	预测工作区	硫铁矿预测工作区布格重力异常图	5	各5
		硫铁矿预测工作区剩余重力异常图	5	各5
		硫铁矿预测工作区重力推断地质构造图	5	各5
		硫铁矿预测工作区重力异常推断地质剖面图	1	各1
	典型矿床	硫铁矿典型矿床所在区域地质矿产及物探剖析图	4	
		硫铁矿典型矿床所在地区地质矿产及物探剖析图	4	
		硫铁矿典型矿床所在位置地质矿产及物探剖析图	1	
		硫铁矿典型矿床勘探剖面（或概念模型）图	2	
小计			27	16

续表 1-3-2

专业	编图类别	图 件 名 称	编图数量/幅	数据库、说明书、元数据/份
磁测	预测工作区	硫铁矿预测工作区航磁 ΔT 异常等值线平面图	5	各5
		硫铁矿预测工作区航磁 ΔT 化极等值线平面图	5	各5
		硫铁矿预测工作区航磁 ΔT 化极垂向一阶导数等值线平面图	5	各5
		硫铁矿预测工作区磁法推断地质构造图	5	各5
		硫铁矿预测工作区磁法推断地质构造定量剖面	1	各1
		硫铁矿典型矿床所在区域地质矿产及物探剖析图	4	
	典型矿床	硫铁矿典型矿床所在地区地质矿产及物探剖析图	4	
		硫铁矿典型矿床所在位置地质矿产及物探剖析图	1	
		硫铁矿典型矿床勘探剖面（或概念模型）图	2	
		小计	32	21
		重磁合计	59	37

4. 自然重砂

完成的工作量见表 1-3-3。

表 1-3-3 硫铁矿自然重砂图件

编图类别	图 件 名 称	编图数量/幅	数据库、说明书、元数据/份
预测工作区	硫铁矿预测工作区自然重砂异常分布图及数据库、说明书、元数据	5	各5
	合 计	5	5

5. 遥感

完成的工作量见表 1-3-4。

表 1-3-4 硫铁矿遥感图件

编图类别	图 件 名 称	编图数量/幅	数据库、说明书、元数据/份
预测工作区	硫铁矿预测工作区遥感影像图及说明书、元数据	5	各5
	硫铁矿预测工作区遥感矿产地质特征与近矿找矿标志解译图及数据库、说明书、元数据	5	各5
	硫铁矿预测工作区遥感羟基异常分布图及数据库、说明书、元数据	5	各5
	硫铁矿预测工作区遥感铁染异常分布图及数据库、说明书、元数据	5	各5

续表 1-3-4

编图类别	图件名称	编图数量/幅	数据库、说明书、元数据/份
典型矿床	硫铁矿典型矿床遥感影像图及说明书、元数据	2	各2
	硫铁矿典型矿床矿产地质特征与近矿找矿标志解译图及数据库、说明书、元数据	2	各2
	硫铁矿典型矿床遥感羟基异常图及数据库、说明书、元数据	2	各2
	硫铁矿典型矿床遥感铁染异常图及数据库、说明书、元数据	2	各2
合计		28	28

二、取得的主要成果

（1）总结了吉林省硫铁矿勘查研究历史及存在的问题、资源分布；划分了硫铁矿矿床类型；研究了硫铁矿成矿地质条件及控矿因素。

（2）从空间分布、成矿时代、大地构造位置、赋矿层位、岩浆岩特点、围岩蚀变特征、成矿作用及演化、矿体特征、控矿条件等方面总结了预测区及吉林省硫铁矿成矿规律。

（3）建立了不同成因类型硫铁矿典型矿床成矿模式和预测模型。

（4）确立了不同预测方法类型预测工作区的成矿要素和预测要素，建立了不同预测方法类型预测工作区的成矿模式和预测模型。

（5）用地质体积法预测吉林省硫铁矿资源量，为1 210.56万t。其中：334-1为800.37万t，334-2为410.19万t；500m以浅597.80万t，1 000m以浅为1 210.56万t。

（6）提出了吉林省硫铁矿勘查工作部署建议，对未来矿产开发基地进行了预测。

（7）提交了《吉林省硫铁矿矿产资源潜力评价成果报告》及相应图件。

第四节　矿产勘查研究程度及基础数据库现状

一、矿产勘查研究程度

1. 矿产勘查工作程度

吉林省硫铁矿地质矿产勘查研究有悠久的历史，在日伪时期曾对西台子硫铁矿、放牛沟硫铁矿做过简单的地质工作，其后经陆续工作，1972年完成了西台子硫铁矿的勘探工作，1973年完成了放牛沟硫铁矿的勘探工作，确定两矿床为中型矿床。1959年在永吉县三家地区进行铁矿普查时发现了头道沟硫铁矿，1977年完成了勘探评价工作，确定该矿床为中型矿床。其后相继发现了多处小型硫铁矿床、矿点和矿化点。吉林省硫铁矿的成因类型主要为海相火山岩型、湖相沉积型、矽卡岩型和海相沉积变质型。目前共发现有硫铁矿矿床10个，其中已探明中型硫铁矿4处、小型矿床4处、矿点2处。截至2008年底，全省累计查明硫铁资源储量424万t。

2. 成矿规律研究及矿产预测

为了科学地部署矿产勘查工作,从1980年以来相继开展金、银、镍、铁、铅锌、硫铁矿等矿种成矿区划和资源总量预测;同时对吉林省重要成矿区(带)开展专题研究,如华北地台北缘,地槽区早古生代、中生代火山岩区等的成矿规律和找矿方向研究;1987—1992年完成吉林省东部山区金、银、铜、铅、锌、锑和锡7种矿产的1:20万成矿预测,该成果在收集、总结和研究大量地质、物探、化探、遥感资料的基础上,以"活动论"的观点和多学科相结合的方法,对吉林省成矿地质背景、控矿条件和成矿规律进行了较深入的研究和总结,较合理地划分成矿区(带)和找矿远景区,为科学地部署找矿工作奠定了较扎实的基础。1990年吉林省第二地质调查所《吉林省吉林地区金、银、铜、铅、锌、锑、锡中比例尺成矿预测报告》,吉林省第四地质调查所《吉林省通化—浑江地区金、银、铜、铅、锌、锑、锡中比例尺成矿预测报告》,吉林省第六地质调查所《吉林省延边地区金、银、铜、铅、锌、锑、锡中比例尺成矿预测报告》,吉林省第三地质调查所《吉林省四平—梅河地区金、银、铜、铅、锌、锑、锡中比例尺成矿预测报告》,上述为一轮区划成果。1992年吉林省地质矿产勘查开发局完成了《吉林省东部山区贵金属及有色金属矿产成矿预测报告》,为第二轮区划成果。2001年陈尔臻主编了《中国主要成矿区(带)研究》(吉林省部分),对吉林省重要成矿带的成矿规律进行了详细的研究和总结。

二、地质基础数据库现状

1. 1:50万数字地质图空间数据库

1:50万地质图库由吉林省地质调查院于1999年12月完成,该图是在原《吉林省1:50万地质图》和《吉林省区域地质志》的附图基础上补充少量1:20万和1:5万地质图资料及相关研究成果,结合现代地质学、地层学、岩石学等新理论新方法,地层按岩石地层单位、侵入岩按时代加岩性和花岗岩类谱系单位编制。此图库属数字图范围,没有GIS的图层概念,适用于小比例尺的地质底图,目前没有对该图库进行更新维护。

2. 1:20万数字地质图空间数据库

1:20万地质图空间数据库共有33个标准和非标准图幅,由吉林省地质调查院完成,经中国地质调查局发展研究中心整理汇总后返交吉林省。该库图层齐全,属性完整,建库规范,单幅质量较好。总体上因填图过程中认识不同,各图幅接边问题严重,按本次工作要求进行了更新维护。

3. 吉林省矿产地数据库

吉林省矿产地数据库于2002年建成。该库采用DBF和Access两种格式保存数据,矿产地数据库更新至2004年,按本次工作要求进行了更新维护。

4. 物探数据库

1)重力

吉林省完成了东部山区1:20万重力调查区26个图幅的建库工作,入库有效数据23 620个物理点。数据采用DBF格式,且数据齐全。

重力数据库只更新到2005年,主要是对数据库管理软件进行更新,数据内容与原库内容保持一致。

2）航磁

吉林省航磁数据共由 21 个测区组成，总物理点数据 6 310 000 个，比例尺分为 1∶5 万、1∶20 万和 1∶50 万，在吉林省内主要成矿区（带）多数有 1∶5 万数据覆盖。

存在的问题：测区间数据没有调平处理，且没有飞行高度信息，数据采集方式有早期模拟的和后期数字的，精度从几十纳特到几纳特。若要有效地使用航磁资料，必须解决不同测区间数据调平问题。本次工作采用中国国土资源部（现为自然资源部）航空物探遥感中心提供的航磁剖面和航磁网格数据。

5. 遥感影像数据库

吉林省遥感解译工作始于 20 世纪 90 年代初期，由于当时工作条件和计算机技术发展的限制，缺少相关应用软件和技术标准，没能对解译成果进行相应的数据库建设。在此次资源总量预测期间，应用中国国土资源部（现为自然资源部）航空物探遥感中心提供的遥感数据，建设吉林省遥感数据库。

6. 区域地球化学数据库

吉林省化探数据以 1∶20 万水系测量数据为主，并建立数据库，共有入库元素 39 个，原始数据点以 $4km^2$ 内原始采集样点的样品做一个组合样。此库建成后，吉林省没有开展同比例尺的地球化学填图工作，因此没有进行数据更新工作。由于入库数据是采用组合样分析结果，因此入库数据不包含原始点位信息，这给通过划分汇水盆地确定异常和更有效地利用原始数据带来一定困难。

7. 自然重砂数据库

1∶20 万自然重砂数据库的建设与 1∶20 万地质图库建设基本保持同步。入库数据 35 个图幅，采样 47 312 点，涉及矿物 473 种，入库数据内容齐全，并有相应空间数据采样点位图层。数据采用 Access 格式，目前没有对它进行更新维护。

8. 工作程度数据库

吉林省地质工作程度数据库由吉林省地质调查院于 2004 年完成，内容全面，涉及地质、物探、化探、矿产、勘查、水文等内容。库中基本反映了自中华人民共和国成立后吉林省的地质调查、矿产勘查工作程度。采集的资料截至 2002 年，按本次工作要求进行了更新维护。

第二章 区域地质概况

第一节 成矿地质背景

一、地层

吉林省地层发育,它的分布和时间演化主要受古亚洲洋与太平洋两大构造体制的制约。总体上前中生代属于古亚洲东段南北分异,近东西向的古构造格局;中生代以来,由于受洋、陆两大构造体系相互作用,在前中生代构造格架之上叠加形成了大致平行的北东—北北东向盆、隆相间的构造带,形成了中国东部东西向和北北东向两组主干构造交叉叠置的格局。由此,吉林省的地层划分为前中生代和中、新生代地层。

吉林省与硫铁矿成矿有关的地层主要有元古宇、古生界和新生界,现由老至新简述如下。

(一)元古宇

元古宇主要分布在吉林省南部,北部陆缘带分布零星,呈捕房体产出。与硫铁矿成矿关系密切的有古元古界集安(岩)群蚂蚁河(岩)组、老岭(岩)群珍珠门岩组,为海相沉积变质型硫铁矿床的主要含矿层位,代表性矿床为临江荒沟山硫铁矿床。

(1)蚂蚁河(岩)组($Pt_1m.$):由斜长角闪岩、黑云变粒岩、钠长浅粒岩、电气石变粒岩、蛇纹橄榄大理岩及混合岩组成,以含硼而不含石墨为特征。厚度大于786.6m。

(2)珍珠门岩组($Pt_1z.$):由碳质白云质大理岩、白云质大理岩、条带状大理岩、滑石大理岩、透闪石化硅质白云质大理岩及角砾状大理岩组成。厚952.2m。

(二)古生界

古生界地层在全省均有分布。与硫铁矿成矿有关的地层主要为下古生界呼兰(岩)群头道岩组($\in t.$)和晚奥陶统放牛沟火山岩($O_3 f$)。

(1)头道岩组($\in t.$):为一套变质岩系,下部以斜长阳起石岩为主夹数层变质砂岩和变质火山岩;上部以变质砂岩、斜长阳起石岩为主夹千枚状板岩和大理岩。厚度大于1 628.1m。为矽卡岩型硫铁矿床的主要含矿建造,代表性矿床为永吉头道沟硫铁矿。

(2)放牛沟火山岩($O_3 f$):主要为浅变质中酸性火山岩-碳酸盐岩-碎屑岩建造,以变质砂岩、粉砂与结晶灰岩为旋回层的一套地层,结晶灰岩中产床板珊瑚。厚 2 102.6m。为海相火山岩型硫铁矿床的主要含矿建造,代表性矿床为伊通放牛沟多金属硫铁矿床。

(三)新生界

新生界地层在全省广泛发育。与硫铁矿成矿有关的地层主要为古近系渐新统桦甸组,属沼泽湖泊相碎屑岩沉积建造,主要由灰白色、灰色、灰绿色含砾粗砂岩,中细粒砂岩,细砂岩,粉砂质泥岩夹油页岩及褐煤组成,含有工业价值的煤、油页岩和硫铁矿。为湖相沉积型硫铁矿床的主要含矿建造,代表性矿床为桦甸西台子硫铁矿床。

二、火山岩

吉林省火山活动频繁,按它的喷发时代、喷发类型、喷发产物、构造环境等特征,自太古宙至新生代,共有 6 期火山喷发旋回,自老至新为阜平期火山回旋、中条期火山回旋、加里东期火山回旋、海西期火山回旋、晚印支期—燕山期火山回旋和喜马拉雅期火山旋回。与硫铁矿成矿关系比较密切的主要为加里东期火山岩。

加里东期火山喷发作用仅见于华北陆块北缘弧盆系中,可划分为 3 个火山幕,第Ⅰ幕为头道沟基性、中性火山喷发;第Ⅱ幕为盘岭火山活动,时代为寒武纪—奥陶纪,形成了头道岩组和放牛沟中酸性火山岩-碳酸盐岩-碎屑岩建造;第Ⅲ幕火山喷发活动强烈,有弯月安山岩类和巨厚的放牛沟安山岩-英安岩及其凝灰岩组成的多次喷发旋回。加里东期火山旋回形式的主要岩石类型是钙碱性系列的中性—酸性火山岩。上述岩石经广泛的区域变质作用,成为低角闪岩相—绿片岩相的变质岩。这套岩石虽经变质,但由于变质较浅,普遍保留了原火山结构特征。

三、侵入岩

吉林省自太古宙至新生代侵入岩浆活动强烈,自老至新为阜平期、中条期、加里东期、海西期、晚印支期—燕山期,形成了大面积的中酸性侵入岩。吉林省内与硫铁矿成矿有密切关系的主要为海西期、燕山期中酸性侵入岩。

(一)海西期侵入岩

海西期侵入岩分早、中、晚 3 期,岩石类型主要为花岗岩、花岗闪长岩、闪长岩等,与硫铁矿床的形成有密切关系,主要提供热源(包括热液),并与地层发生交代,使硫铁等成矿物质进一步富集,在构造的有利部位富集成矿。

(二)燕山期侵入岩

燕山期岩浆侵入活动十分频繁,侵入岩分布广泛,与全省内生硫铁矿关系密切,矿床周围均有燕山期中性—酸性侵入岩,具有多期成矿特征,但主要成矿期为燕山期。有些类型硫铁矿成矿物质以地层来源为主,燕山期岩浆活动主要提供热源(包括热液),加热古大气降水,两者汇合并在流动过程中萃取围岩中的成矿物质，富集成矿。

四、变质岩

根据吉林省内存在的几期重要的地壳运动及其所产生的变质作用特征，将吉林省划分为迁西期、阜平期、五台期、兴凯期、加里东期和海西期6个主要变质作用时期。吉林省内与硫铁矿成矿有密切关系的主要为五台期、加里东期变质岩。

（一）五台期变质岩

五台期变质作用发育在吉林省内南部，这期变质作用使古元古界变质形成一套极其复杂的变质岩石，包括集安（岩）群蚂蚁河（岩）组、荒岔沟（岩）组、临江岩组、大栗子（岩）组，老岭（岩）群板房沟岩组、新农村岩组、珍珠门岩组。

1. 变质岩特征

（1）集安（岩）群变质岩：区域变质岩石类型有片岩类、片麻岩类、变粒岩类、斜长角闪岩类、石英岩类、大理岩类。集安岩群下部原岩以基性火山岩、中酸性火山岩、陆源碎屑岩为主，夹少量泥质、砂质及镁质碳酸盐岩组成，它的B元素质量分数较高，局部地段富集成硼矿床，为潟湖相含硼蒸发盐、双峰火山岩建造。集安（岩）群上部由中基性火山岩类、中性—酸性火山碎屑岩、正常沉积碎屑岩和碳酸盐岩类组成，为浅海相非稳定型含碎屑岩、碳酸盐岩、基性火山岩建造。综合上述特点，集安（岩）群形成于活动陆缘的裂谷环境。蚂蚁河（岩）组透辉变粒岩中的锆石有两组U-Pb谐和年龄数据：一组是$(2\,476\pm22)$Ma，代表太古宙锆石结晶年龄；另一组是$(2\,108\pm17)$Ma，代表该组锆石结晶年龄，说明蚂蚁河（岩）组形成晚于21Ga。荒岔沟（岩）组斜长角闪岩锆石U-Pb年龄为$(1\,850\pm10)$Ma，代表锆石封闭体系年龄。采自黑云变粒岩残留锆石U-Pb年龄数据不集中，谐和年龄数据有两组：一组是$(1\,838\pm25)$Ma，代表岩石变质年龄；另一组是$(2\,144\pm25)$Ma，代表锆石结晶年龄。该组形成于2.14~1.84Ga间，且在1.8Ga左右有一次强烈变质作用。

（2）老岭（岩）群变质岩：区域变质岩石类型有板岩类、千枚岩类、片岩类、变粒岩类、大理岩和石英岩类。老岭（岩）群原岩底部为一套碎屑岩，中部为碳酸盐岩，上部为碎屑岩夹碳酸盐岩，构成了完整的沉积旋回，为裂谷晚期滨海相—浅海相碎屑岩-碳酸盐岩沉积建造。从采自大栗子（岩）组6个样品中获得全岩等时线年龄$1\,727\pm$Ma。从采自花山岩组5个样品中获得全岩等时线年龄$(1\,861\pm127)$Ma。侵入临江组的电气白云母伟晶岩的白云母K-Ar年龄为$1\,800$Ma、$1\,813$Ma和$1\,823$Ma。老岭岩群沉积时限为$2\,000$~$1\,700$Ma。

2. 岩石变质作用及变形构造特征

（1）岩石变质作用：集安（岩）群普遍发生高角闪岩相变质作用，局部低角闪岩相变质作用，温压条件：压力为$(2~5)\times10^8$Pa，温度为500~700℃，应属低压变质作用。老岭（岩）群变质岩系主要经受了高绿片岩相变质作用，局部（花山岩组）可达低角闪岩相变质作用。

（2）变形构造特征：根据集安（岩）群中发育的面理（片理、片麻理）、线理、褶皱及韧性变形的交切和叠加关系，推断该时代至少存在3期变形。第一期变形作用表现为透入性片麻理和长英质条带形成，为塑性剪切机制；第二期变形作用表现为长英质条带与片麻理同时发生褶皱并伴有构造置换现象，形成新的片麻理、钩状褶皱和无根褶皱等；第三期变质变形作用表现为早期形成的长英质条带与片麻理同时发生褶皱,形成新的宽缓褶皱。老岭(岩)群变质岩发生两期变形改造:早期变形表现为透入性片理、片麻理;晚期变形使早期片理、片麻理发生褶皱及原始层理被置换。

(二)加里东期变质岩

加里东期变质作用发育在吉林省北部造山系中,该期变质作用使下古生界变质形成一套区域变质岩石。在吉林地区称呼兰(岩)群黄莺屯(岩)组、小三个顶子组、北岔屯岩组及头道岩组。四平地区为下二台(岩)群磐岭岩组、黄顶子(岩)组,下志留统石缝组、桃山组、弯月组。

(1)岩石类型:主要变质岩石类型有变质砂岩类、板岩类、千枚岩类、片岩类、变粒岩类、大理岩类。
(2)变质作用:经历了绿片岩相变质作用。

五、大型变形构造

吉林省自太古宙以来,经历了多次地壳运动。在各地质历史阶段都形成了一套相应的断裂系统,包括地体拼贴带、走滑断裂、大断裂、推覆-滑脱构造和韧性剪切带等。

(一)辉发河-古洞河地体拼贴带

该拼贴带横贯吉林省东南部东丰—和龙一带,两端分别进入中国辽宁省和朝鲜,规模巨大,它是海西晚期辽吉台块与吉林-延边古生代增生褶皱带的拼贴带,由西向东可分3段,即和平—山城镇段、柳树河子—大蒲柴河段和古洞河—白铜段。该拼贴带两侧的岩石强烈片理化,形成剪切带,航磁异常、卫片影像反映都很明显,显示平行、密集的线性构造特征。两侧具有地质发展历史截然不同的两个大地构造单元,也反映出不同的地球物理场和不同的地球化学场。北侧是吉林-延边古生代增生褶皱带,为以海相火山-碎屑岩及陆源碎屑岩、碳酸盐岩为主的火山沉积岩系。南侧前寒武系广泛分布,基底为太古宙、古元古代的中深变质岩系,盖层为新元古代—古生代的稳定浅海相沉积岩系,反映出两侧具有完全不同的地壳演化历史。

(二)伊通-舒兰断裂带

该断裂带是一条地体拼接带,即在早志留世末,华北板块与吉林古生代增生褶皱带相拼接。它位于吉林省二龙山水库—伊通—双阳—舒兰一线,呈北东向延伸,过黑龙江省依兰—佳木斯—罗北进入俄罗斯境内,在吉林省内是由南东、北西两条相互平行的北东向断裂带组成,省内长达260km,具左行扭动性质。该断裂带两侧地质构造性质明显不同,南东侧重力高,航磁为北东向正、负交替异常;北西侧重力低,航磁为稀疏负异常。两侧地层的发育特征、岩性、含矿性等截然不同。从辽北到吉林,该断裂两侧晚期断层方向明显不一致,东南侧以北东向断层为主,北西侧以北北东向断层为主。北西侧北北东向断裂与华北板块和西伯利亚板块间的缝合线展布方向一致,反映出继承古生代基底构造线特征;南东侧的北东向断裂与库拉、太平洋板块向北俯冲有关,说明在吉林省内,早古生代伊舒断裂带两侧属于性质不同的两个大地构造单元,西部属于华北板块,东部总体上为被动大陆边缘。它经历了早志留世末华北板块与吉黑古生代增生褶皱带发生对接的走滑拼贴阶段、新生代库拉-太平洋板块向亚洲大陆俯冲的活化阶段,以及古近纪—第四纪初亚洲大陆应力场转向使伊舒断裂带接受了强烈的挤压作用,导致两侧基底向槽地推覆并形成了外倾对冲式冲断层构造带的挤压阶段。

（三）敦化-密山走滑断裂带

该断裂带是我国东部一条重要的走滑构造带，它对大地构造单元划分及金、有色金属成矿具有重要的意义。该断裂带经辉南、桦甸、敦化等地进入黑龙江省，在吉林省内长达360km，宽10～20km，习惯上称之为辉发河断裂带。该断裂带活动时间较长，沿该断裂带岩浆活动强烈。该断裂带不仅是构造单元的分界线，也是含硫铁矿基性、超基性岩体的导岩构造，对长仁铜硫铁矿床、红旗岭铜硫铁矿床、漂河川铜硫铁矿床的形成起着重要作用。

（四）鸭绿江走滑断裂带

该断裂带是吉林省规模较大的北东向断裂之一，由辽宁省沿鸭绿江进入吉林省集安市，经安图两江至汪清天桥岭进入黑龙江省，在吉林省内长达510km，断裂带宽30～50km，纵贯辽吉台块和吉黑古生代陆缘增生褶皱带两大构造单元，对吉林省地质构造格局及贵金属、有色金属矿床成矿均有重要意义。断裂带总体表现为压剪性，沿断面发生逆时针滑动，相对位移为10～20km。断裂切割中生代及早期侵入岩体，并控制侏罗纪、白垩纪地层的分布。

六、大地构造特征

吉林省大地构造位置处于华北古陆块（龙岗地块）和西伯利亚古陆块（佳木斯-兴凯地块）及其陆缘增生构造带内。由于多次裂解、碰撞、拼贴、增生，岩浆活动、火山作用、沉积作用、变形变质作用异常强烈，形成若干稳定地球化学块体和地球物理异常区，相对应地出现若干大型—巨型成矿区（带），它们共同控制着吉林省重要的贵金属、有色金属、黑色金属、能源、非金属和水气等不同矿产的成矿、矿种种类、矿床规模和分布。

吉林省内出露有自太古宙—新生代各时代多种类型的地质体，地质演化过程较为复杂，经历太古宙陆块形成阶段、古元古代陆内裂谷（坳陷）阶段、新元古代—古生代古亚洲构造域多幕陆缘造山阶段、中新生代滨太平洋构造域阶段的地质演化过程。

（一）太古宙陆核形成阶段

吉南地区位于华北板块的东北部（被称为龙岗地块）中，地质演化始于太古宙，近年来的研究发现原龙岗地块是由多个陆块在新太古代末拼贴而成，包括夹皮沟地块、白山地块、清原地块（柳河）、板石沟地块及和龙地块等。这些地块普遍形成于新太古代并于新太古代末期拼合在一起。它们的表壳岩都为一套基性火山-硅铁质建造，以含铁、含金为特征；变质深成侵入体以石英闪长质片麻岩-英云闪长质片麻岩-奥长花岗质片麻岩、变质二长花岗岩为主。成矿以铁、金、铜为主，代表性矿床有夹皮沟金矿、老牛沟铁矿、板石沟铁矿、鸡南铁矿、官地铁矿及金城洞金矿等。

（二）古元古代陆内裂谷（坳陷）演化阶段

新太古代末期的构造拼合作用使得吉南地区形成统一的龙岗复合陆块，在古元古代早期以赤柏松岩体群侵位为标志，开始裂解形成裂谷，并伴有铜、硫铁矿化，形成赤柏松铜硫铁矿床。裂谷主体即为所谓的"辽吉裂谷带"，裂谷早期沉积物为一套蒸发岩-基性火山岩建造，以含铁、硼为特征，代表性矿床有集安高台沟硼矿床、清河铁矿点;裂谷中期沉积物为一套硬砂岩、钙质硬砂岩夹基性火山岩、碳酸盐岩建造,以含铅锌为特点,代表性矿床为正岔铅锌矿;上部为一套高铝复理石建造,以含金为特点,代表性矿床为活龙盖金矿;古元古代中期裂谷闭合,伴有辽吉花岗岩侵入,完成了区域地壳的二次克拉通化。

古元古代晚期已形成的克拉通地壳发生拗陷,形成坳陷盆地,它的早期沉积物为一套石英砂岩建造;中期沉积物为一套富镁碳酸岩建造,以含镁、金、铅锌、硫铁矿为特点,代表性矿床有荒沟山硫铁矿、南岔金矿、遥林滑石矿和花山镁矿等;晚期沉积物为一套页岩-石英砂岩建造,富含金、铁,代表性矿床有大横路铜钴矿、大栗子铁矿;古元古代末期盆地闭合,见有巨斑状花岗岩侵入。

古元古代早期在延边松江地区沉积了一套变粒岩、浅粒岩、石英岩、大理岩组合,以往地质填图一般将之与吉南地区集安(岩)群、老岭(岩)群对比,因多数地质体被新生代火山岩覆盖,出露极不连续,研究程度极低。

(三)新元古代—晚古生代古亚洲构造域多幕陆缘造山阶段

新元古代—古生代吉南地区构造环境为稳定的克拉通盆地环境,它的沉积物为典型的盖层沉积,其中新元古代地层下部为一套河流红色复陆屑碎屑建造;中部为一套单陆屑碎屑建造夹页岩建造,以含金、铁为特点,代表性矿床有板庙子(白山)金矿、青沟子铁矿;上部为一套台地碳酸盐岩-藻礁碳酸盐岩-礁后盆地黑色页岩建造组合。早古生代地层下部为一套红色页岩建造,红色页岩夹浅海碳酸盐岩建造,以含磷、石膏为特征,代表性矿床有东热石膏矿、水洞磷矿等;上部为台地碳酸盐岩建造,大多可作为水泥灰岩利用。晚古生代地层早期为含煤单陆屑建造,构成了浑江煤田的主体,晚期为一套河流相红色多陆屑建造。

在吉黑造山带上晚前寒武纪末期至早寒武世,吉中地区处于华北板块稳定大陆边缘的中亚-蒙古洋扩张中脊形成阶段,早寒武世在九台的机房沟、四平的下二台一带具有拉张过渡壳特征,主要形成了一套大洋底基性火山喷发,夹有碎屑岩、少量碳酸盐岩和含铁、锰沉积,构成一套完整的火山沉积旋回。

延边地区的海沟、万宝地区的粉砂岩及板岩,和龙白石洞地区的大理岩均见有具刺疑源类或波罗的刺球藻等化石,敦化地区的塔东岩群一般认为也可与黑龙江的张广才岭群对比,时代为新元古代晚期。塔东岩群以铁、钒、钛、磷成矿为主,代表性矿床为塔东铁矿。加里东期侵入岩以铜、镍、铂、钯成矿作用为主,代表性矿床有仁和洞铜镍矿。

中晚石炭世—早二叠世地层主要为一套碳酸盐岩建造,中二叠世为一套海相陆源碎屑岩夹火山岩建造,晚二叠世—早三叠世为陆相磨拉石建造。早海西期形成两条花岗岩带,一条为和龙百里坪-敦化六棵松二叠纪花岗岩带,为一套钙碱性—碱性花岗岩组合;另一条为延吉依兰-敦化官地二叠纪花岗岩带,同样为一套钙碱性系列花岗岩。同时,可见有超铁镁岩侵入,见有铬矿化,代表性矿床有龙井彩秀洞铬铁矿点。晚海西期在所谓的槽台边界构造带内形成一条东起龙井江城经和龙长仁、海沟直至桦甸色洛河的几千米至十几千米宽的构造岩片堆叠带,带内堆叠了不同时代不同性质的构造岩片,以富含金为特点。

古亚洲多幕造山运动结束于三叠纪,它的侵入岩标志为长仁-獐项镁铁质—超镁铁质岩体群的就位,在区域上构成了长仁-漂河川-红旗岭镁铁质—超镁铁质岩浆岩带,以铜、镍成矿作用为主,代表性矿床有长仁铜硫铁矿。而同期沉积作用的标志为白水滩拉分盆地的陆相含煤碎屑岩建造。

(四)中新生代滨太平洋构造域演化阶段

自晚三叠世以来,吉林省进入滨太平洋构造域的演化阶段,受太平洋板块向欧亚板块的俯冲作用的影响。

在吉南地区浑江小河口、抚松小营子等地形成断陷含煤盆地,同时,在长白地区发育有长白组火山岩,在通化龙头村等地见有石英闪长岩-花岗闪长岩-二长花岗岩侵入;早侏罗世的构造活动基本延续晚三叠世的活动特征,其中主要沉积物为一套陆相含煤建造,代表性盆地有临江义和盆地、辉南杉松岗盆地等,但火山岩不发育,侵入岩为一套石英闪长岩-花岗闪长岩-二长花岗岩-白云母花岗岩组合;中侏罗世—早白垩世受太平洋板块斜俯作用的影响,区内形成一系列北东向走滑拉分盆地,沉积一系列火山-陆源碎屑岩,其中中侏罗世为一套红色细碎屑岩,晚侏罗世为一套钙碱性火山岩,早白垩世为一套钙碱性—偏碱性火山岩夹陆源碎屑岩,局部夹煤(如石人盆地),与火山岩相伴出现有一套岩石地球化学相当的侵入岩,局部地段见有碱性花岗岩侵入。

晚三叠世早期,在吉黑造山带上,沿两江构造而形成安图两江-汪清天桥岭幔源侵入岩带,主要出露在安图两江、三岔、青林子、亮兵、汪清天桥岭等地,大致沿两江断裂带的北段呈小岩株状出露,岩性为一套碱性辉长岩、角闪正长岩、石英正长岩、碱长花岗岩组合。以铁、钒、钛、磷成矿作用为主,代表性矿床有三岔铁矿点、南土城子铁矿点。晚三叠世中晚期形成钙碱性岩系侵位,构成了和龙三合-珲春-东宁老黑山晚三叠世花岗岩带,岩性为闪长岩-石英闪长岩-花岗闪长岩-二长花岗岩组合。以金、铜、钨成矿作用为主,代表性矿床有小西南岔金铜矿、杨金沟钨矿。与此同时,伴生有大量火山喷发,形成一系列火山盆地,代表性盆地有天宝山盆地、天桥岭盆地等。两者共同构成了滨西太平洋的晚三叠世岩浆弧,与之相关的次火山岩具有多金属成矿作用,代表性矿床有天宝山多金属矿。

早侏罗世—中侏罗世基本上继承了晚三叠世岩浆弧的特点,但火山作用不明显,未见有火山岩及沉积岩层,而钙碱性侵入岩较发育,见有两条侵入岩带,一条为和龙崇善-汪清春阳早侏罗世花岗岩带,岩性为闪长岩-石英闪长岩-花岗闪长岩-二长花岗岩-碱长花岗岩组合;另一条为大蒲柴河中侏罗世花岗岩带,岩性为花岗闪长岩-似斑状花岗闪长岩-二云母花岗组合。

晚侏罗世岩浆作用以火山喷发为主,形成一套钙碱性火山岩系(屯田营组),侵入岩仅在火山盆地周边局部发育,具有次火山岩的特点。至早白垩世随着欧亚板块的向外增生,受太平洋板块俯冲的远距离效应的影响,地壳明显处于拉分作用的状态,具有向裂谷系方向演化的特点,形成一系列断陷盆地,沉积了一系列陆相含煤建造(长财组)、偏碱性火山岩建造(泉水村组)及含油建造(大拉子组),同时伴生有碱性花岗岩侵入(和龙仙景台岩体)。

晚白垩世盆地的裂谷性质已趋成熟,其中罗子沟等盆地发现有覆盖在大拉子组之上的一套安山玄武岩-流纹岩组合,具有双峰式火山岩的特点;而龙井组可能代表了该时期的类磨拉石建造。

晚侏罗世—白垩纪是吉黑造山带的一个重要成矿期,成矿以金铜为主,矿产地众多,代表性的有五凤金矿、刺猬沟金矿、九三沟金矿等。

新生代以来火山作用加剧,火山喷发物为大陆拉斑玄武岩-碱性玄武岩-粗面岩-碱流岩组合。主要分布在长白山地区,为一套裂谷型大陆拉斑玄武岩-碱性玄武岩-碱流岩组合,以及少量河湖相砂砾岩夹硅藻土,另外在敦密构造带见有少量古近纪辉长岩侵入,同位素年龄为 32Ma 左右。

第二节 区域矿产特征

一、成矿特征

吉林省已经发现硫铁矿床的类型主要为海相火山岩型、湖相沉积型、矽卡岩型和海相沉积变质型。

吉林省已有的硫铁矿资源主要分布在伊通放牛沟、桦甸西台子、永吉头道沟、临江荒沟山等地区,代表性矿床为伊通放牛沟多金属硫铁矿床、桦甸西台子硫铁矿床、永吉头道沟硫铁矿床和临江荒沟山硫铁矿床。

(1) 古元古代辽吉裂谷环境下,以浅海相陆源碎屑岩建造、海相碎屑岩-碳酸盐岩建造为主的 Pb、Zn、Ag、Au、Cu 等高丰度地质体,为硫铁矿初始矿源层,在后期构造岩浆变质作用下形成硫铁矿矿体。

(2) 古生代与硫铁矿成矿作用有关的主要是一套浅变质岩系,原岩为海相中酸性火山岩-碳酸盐岩-碎屑岩建造,构成了与硫铁矿成矿有关的地层。

(3) 新生代形成的硫铁矿床是在还原介质中生成的,尤其盆地煤层中含有很多的有机质,易促成硫酸盐的还原作用,在强烈还原环境下封闭或半封闭的水盆地内堆积形成硫铁矿矿体。

(4) 硫铁矿成矿与中生代中酸性岩体及脉岩之间有密切的时空关系。成矿溶液和岩浆利用了深达地壳上部的断裂体系,活化就位,岩浆侵入活动是成矿物质再活化的媒介(同时也带来部分成矿物质),围岩的成矿物质在热水对流或循环过程中不断被溶滤或萃取。

吉林省涉硫铁矿产地成矿特征见表 2-2-1。

二、硫铁矿预测类型划分及其分布范围

1. 硫铁矿预测类型及其分布范围

矿产预测类型是指为了进行矿产预测,根据相同的矿产预测要素以及成矿地质条件,对矿产划分的类型。吉林省硫铁矿划分了 4 种预测类型:①放牛沟式海相火山岩型,分布在放牛沟地区;②西台子式湖相沉积型,分布在西台子地区;③头道沟式矽卡岩型,分布在倒木河—头道沟地区;④狼山式沉积变质型,分布在热闹—青石、上甸子—七道岔地区。

2. 硫铁矿预测方法类型及其分布范围

吉林省硫铁矿预测方法类型划分为 4 种类型:层控"内生"型、火山岩型、沉积型和变质型。层控"内生"型分布在倒木河-头道沟预测工作区;火山岩型分布在放牛沟预测工作区;沉积型分布在西台子预测工作区;变质型分布在热闹-青石预测工作区、上甸子-七道岔预测工作区。

第三节 区域地物、地化、遥感、自然重砂特征

一、区域地球物理特征

(一)重力

1. 岩(矿)石密度

(1) 各大岩类的密度特征:沉积岩的密度值小于岩浆岩和变质岩。不同岩性间的密度值变化情况:沉积岩为 $(1.51\sim2.96)\times10^3\ \mathrm{kg/m^3}$;变质岩为 $(2.12\sim3.89)\times10^3\ \mathrm{kg/m^3}$;岩浆岩为 $(2.08\sim3.44)\times10^3\ \mathrm{kg/m^3}$;喷出岩的密度值小于侵入岩的密度值,见图 2-3-1。

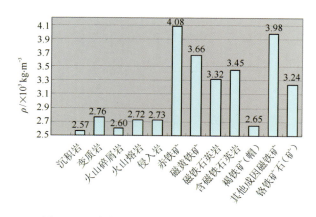

图 2-3-1 吉林省各类岩(矿)石密度参数直方图

表 2-2-1　吉林省涉硫铁矿产地成矿特征一览表

序号	矿产地名	矿种	共(伴)生矿	矿床成因类型	成矿时代	矿床规模
1	永吉头道沟多金属硫铁矿床	硫铁矿-钼矿-铁矿点	铜矿	矽卡岩型	燕山期	小型
2	永吉县倒木河硫铁矿点	硫铁矿		矽卡岩型	燕山期	矿点
3	桦甸北台子乡西台子铁矿点	硫铁矿		湖相沉积型	燕山期	矿点
4	桦甸西台子硫铁矿床	硫铁矿		湖相沉积型	燕山期	中型
5	伊通县放牛沟多金属矿床	锌矿-硫铁矿-银矿-铅矿	银矿-铜矿	火山岩型	海西期	中型
6	集安市红石砬子硫铁矿床	硫铁矿		沉积变质型	前寒武纪	小型
7	临江银子沟西坡硫铁矿床	硫铁矿		沉积变质型	前寒武纪	小型
8	临江迎门沟含铜硫铁矿床	硫铁矿		沉积变质型	前寒武纪	小型
9	临江荒沟山硫铁矿床	硫铁矿		沉积变质型	前寒武纪	小型
10	磐石市红旗岭矿区大岭矿(1号岩体)	铜镍矿	硫铁矿	岩浆岩型	印支期	中型
11	磐石市红旗岭矿区富家矿(7号岩体)	铜镍矿	硫铁矿	岩浆岩型	印支期	大型
12	吉林省通化县赤柏松硫化铜镍矿床	铜镍矿	硫铁矿	岩浆岩型	古元古代	中型
13	通化县爱国铅锌矿床	铅锌矿	硫铁矿	热液型	古元古代	小型
14	汪清县九三沟金矿床	铜矿-铅矿-锌矿	硫铁矿	陆相火山岩型	燕山期	小型
15	永吉县大黑山前撮落钼矿床	钼矿	铜矿-硫铁矿	斑岩型	燕山期	超大型
16	汪清县闹枝金矿床	金矿	硫铁矿	陆相火山岩型	燕山期	小型

(2) 不同时代各类地质单元岩石密度变化规律：不同时代地层单元岩系总平均密度存在密度的差异，其值在时代上有从新到老增大的趋势，地层时代越老，密度值越大特点。新生界为 $2.17\times10^3\,\mathrm{kg/m^3}$，中生界为 $2.57\times10^3\,\mathrm{kg/m^3}$，古生界为 $2.70\times10^3\,\mathrm{kg/m^3}$，元古界为 $2.76\times10^3\,\mathrm{kg/m^3}$，太古界为 $2.83\times10^3\,\mathrm{kg/m^3}$，由此可见，新生界的密度值均小于前各时代地层单元的密度值，各时代均存在着密度差，见图 2-3-2。

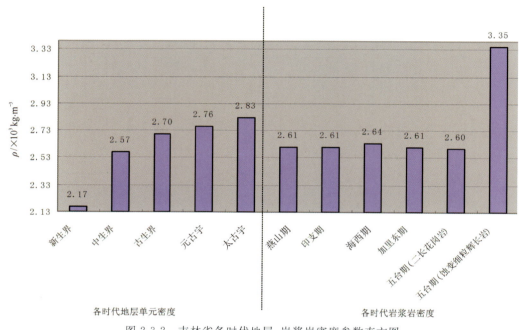

图 2-3-2 吉林省各时代地层、岩浆岩密度参数直方图

2. 区域重力场基本特征及其地质意义

(1) 区域重力场特征：在全省重力场中，宏观上呈现"二高一低"重力区，为西北部及中部重力高、东南部重力低的基本分布特征。最低值在白头山—长白一线（表 2-3-1Ⅲ₁₆ 区）；高值区出现在大黑山条垒（表 2-3-1Ⅲ₈ 区）；瓦房镇—东屏镇（表 2-3-1Ⅱ₁ 区）为另一高值区；洮南、长岭一带（表 2-3-1Ⅱ₂ 区）异常较为平缓，呈各小异常的局域特点分布；中部及东南部布格重力异常等值线大多呈北东向展布，大黑山条垒，尤其是辉南—白山—桦甸—黄泥河镇一带，等值线展布方向及局部异常轴向均呈北东向。北部桦甸—夹皮沟—和龙一带，等值线则多以北西向为主，向南逐渐变为东西向，至漫江转为南北向，围绕长白山天池（白头山天池）呈弧形展布，延吉、珲春一带呈近弧状展布。

(2) 深部构造特征：重力场值的区域差异特征反映了莫霍面及康拉德面的变化趋势，曲线的展布特征则反映了明显地质构造及岩性特征的规律性。从莫霍面图上可见，西北部及东南两侧呈平缓椭圆或半椭圆状，西北部洮南-乾安为幔坳区，中部松辽为幔隆区，中部为北东走向的斜坡，东南部为张广才岭-长白山地幔坳陷区，而东部延吉、珲春、汪清为幔凸区。安图—延吉、柳河—桦甸一带所出现的北西向及北东向等深线梯度带表明，该地区存在华北板块北缘边界断裂，反映了不同地壳的演化阶段及形成的不同地质体。

3. 区域重力场分区

依据重力场分区的原则，将吉林省划分为南、北 2 个Ⅰ级重力异常区，见表 2-3-1。

表 2-3-1　吉林省重力场分区一览表

Ⅰ	Ⅱ	Ⅲ	Ⅳ
Ⅰ₁ 白城-吉林-延吉复杂异常区	Ⅱ₁ 大兴安岭东麓异常区	Ⅲ₁ 乌兰浩特-哲斯异常分区	Ⅳ₁ 瓦房镇-东屏镇正负异常小区
	Ⅱ₂ 松辽平原低缓异常区	Ⅲ₂ 兴龙山-边昭正负异常分区	①重力低小区；②重力高小区
		Ⅲ₃ 白城-大岗子低缓负异常分区	③重力低小区；④重力高小区；⑤重力低小区；⑥重力高小区
		Ⅲ₄ 双辽-梨树负异常分区	⑦重力高小区；⑪重力低小区；⑳重力高小区；㉑重力低小区
		Ⅲ₅ 乾安-三盛玉负异常分区	⑧重力低小区；⑨重力高小区；⑩重力高小区；⑫重力低小区；⑬重力低小区；⑭重力高小区
		Ⅲ₆ 农安-德惠正负异常分区	⑰重力高小区；⑱重力高小区；⑲重力高小区
		Ⅲ₇ 扶余-榆树负异常分区	⑮重力低小区；⑯重力低小区
	Ⅱ₃ 吉林中部复杂正负异常区	Ⅲ₈ 大黑山正负异常分区	
		Ⅲ₉ 伊通-舒兰带状负异常分区	
		Ⅲ₁₀ 石岭负异常分区	Ⅳ₂ 辽源异常小区
			Ⅳ₃ 椅山-西堡安异常低值小区
		Ⅲ₁₁ 吉林弧形复杂负异常分区	Ⅳ₄ 双阳-官马弧形异常小区
			Ⅳ₅ 大黑山-南楼山弧形异常小区
			Ⅳ₆ 小城子负异常小区
			Ⅳ₇ 蛟河负异常小区
		Ⅲ₁₂ 敦化复杂异常分区	Ⅳ₈ 牡丹岭负异常小区
			Ⅳ₉ 太平岭-张广才岭负异常小区
	Ⅱ₄ 延边复杂负异常区	Ⅲ₁₃ 延边弧状正负异常分区	
		Ⅲ₁₄ 五道沟弧线形异常分区	
Ⅰ₂ 龙岗-长白半环状低值异常区	Ⅱ₅ 龙岗复杂负异常区	Ⅲ₁₅ 靖宇异常分区	Ⅳ₁₀ 龙岗负异常小区
			Ⅳ₁₁ 白山负异常小区
			Ⅳ₁₂ 和龙环状负异常小区
		Ⅲ₁₆ 浑江负异常低值分区	Ⅳ₁₃ 清和复杂负异常小区
			Ⅳ₁₄ 老岭负异常小区
			Ⅳ₁₅ 浑江负异常小区
	Ⅱ₆ 八道沟-长白异常区	Ⅲ₁₇ 长白负异常分区	

4. 深大断裂

吉林省地质构造复杂，在漫长的地质历史演变中，经历过多次地壳运动，在各个地质发展阶段和各个时期的地壳运动中，均相应形成了一系列规模不等、性质不同的断裂。这些断裂，尤其是深大断裂一般都经历了长期的、多旋回的发展过程，它们与吉林省地质构造的发展、演化及成岩成矿作用有着密切的关系。根据《吉林省区域地质志》(1989)中的"深大断裂"一章将吉林省断裂按切割地壳深度的规模大小、控岩控矿作用及展布形态等大致分为超岩石圈断裂、岩石圈断裂、壳断裂和一般断裂及其他断裂。

(1) 超岩石圈断裂：吉林省超岩石圈断裂只有一条，称中朝准地台北缘超岩石圈断裂，即指赤峰-开源-桦甸-和龙深断裂。这条超岩石圈断裂横贯吉林省南部，由辽宁省西丰县进入吉林省海龙、桦甸，经老金厂、夹皮沟、和龙，向东延伸至朝鲜境内，是一条规模巨大、影响很深、发育历史长久的断裂构造带。实际上它是中朝准地台和天山-兴隆地槽的分界线，总体走向为东西向，在省内长达260km，宽5～20km。由于受后期断裂的干扰、错动，早期断裂痕迹不易辨认，并且走向在不同地段发生北东向、北西向偏转和断开、位移，从而形成了现今平面上具有折断状的断裂构造，见图2-3-3。

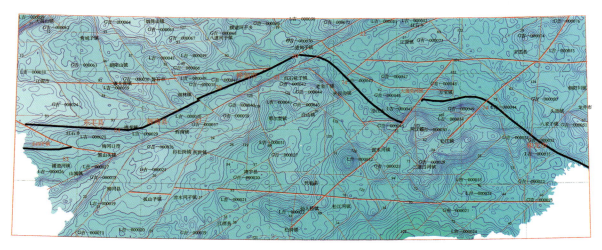

图 2-3-3　开源-桦甸-和龙超岩石圈断裂布格重力异常图

重力场基本特征：断裂线在布格重力异常平面图上呈北东向、东西向密集梯度带排列，南侧为环状、椭圆形，西部断裂以北东向的重力异常为主。这种不同性质重力场的分界线，无疑是断裂存在的标志。从东丰到辉南段为重力梯度带，梯度较陡；夹皮沟到和龙一段，也是重力梯度带，水平梯度走向有变化，应该是被多个断裂错断所致，但梯度较密集。在重力场上延10km、20km及重力垂向一阶导数图、二阶导数图上，该断裂反映得更为显著，东丰经辉南到桦甸折向和龙。除东丰到辉南一带为线状的重力高值带外，其余均为线状重力低值带，它们的极大值和极小值是该断裂线的位置。从莫霍面等深度图上可见，该断裂只在个别地段有显示，说明该断裂切割深度并非连续均匀。西丰至辉南段表现同向扭曲，辉南至桦甸段显示不出断裂特征，而桦甸至和龙段有同向扭曲，表明有断裂存在。莫霍面上表示深度为37～42km，从而断定此断裂在部分地段已切入上地幔。

地质特征：小四平—海龙一带，断裂南侧为太古宇夹皮沟岩群、中元古界色洛河（岩）群，北侧为早古生代地槽型沉积。断裂明显，发育在海西期花岗岩中。柳树河子至大蒲柴河一带有基性—超基性岩平等断裂展布，和龙至白铜一带有大规模的花岗岩体展布。因此，此断裂为超岩石圈断裂。

(2)岩石圈断裂:该断裂带位于二龙山水库—伊通—双阳—舒兰,呈北东向延伸,过黑龙江依兰—佳木斯—箩北进入俄罗斯境内。该断裂于二龙山水库,被北东向四平-德惠断裂带所截。在吉林省内由两条相互平行的北东向断裂构成,宽15~20km,走向45°~50°,在省内长达260km。在它狭长的"槽地"中,沉积了厚达2 000多米的中新生代陆相碎屑岩,其中古近纪—新近纪沉积物厚度应有1 000m,从而形成了狭长的依兰-伊通地堑盆地。

重力场特征:断裂带重力异常梯度带密集,呈线状,走向明显,在吉林省布格重力异常垂向一阶导数、二阶导数平面图,以及滑动平均(30km×30km、14km×14km)剩余异常平面图上可见,延伸狭长的重力低值带,在它两侧狭长延展的重力高值带的衬托下,它的异常带显著,该重力低值带宽窄不断变化,并非均匀展布,而在伊通至乌拉街一带稍宽大些,这段分别被东西向重力异常隔开,说明它在形成过程中受东西向构造影响,见图2-3-4。

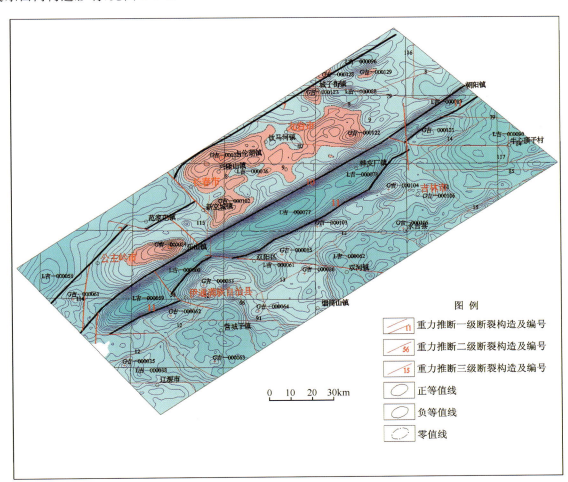

图2-3-4　依兰-伊通岩石圈断裂带布格重力异常图

从重力场上延5km、10km、20km等值线曲线显示该断裂尤为清晰,线状重力低值带与重力高值带相依为伴,并行延展,它们的极小值与极大值是该断裂在重力场上的反映。重力二阶导数的零值及剩余异常图的零值,为圈定断裂提供了更为准确可靠的依据。

从莫霍面和康拉德面等深曲线及滑动平均60km×60km曲线该断裂有显示,此段等值线密集,存在重力梯度带十分明显;双阳至舒兰段,莫霍面及康拉德面等深线密集,形状规则,呈线状展布。沿断裂方向莫霍面深度为36~37.5km,断裂的个别地段已切入下地幔,由上述重力特征可见,此断裂反映了岩石圈断裂定义的各个特征。

(二)航磁

1. 区域岩(矿)石磁性参数特征

根据收集的岩(矿)石磁性参数整理统计,吉林省岩(矿)石的磁性强弱可以分成 4 个级次:极弱磁性($\kappa<300\times4\pi\times10^{-6}$SI)、弱磁性[$\kappa$:($300\sim2\,100$)$\times4\pi\times10^{-6}$SI]、中等磁性[$\kappa$:($2\,100\sim5\,000$)$\times4\pi\times10^{-6}$SI]、强磁性($\kappa>5\,000\times4\pi\times10^{-6}$SI)。

(1)沉积岩基本上无磁性,但是四平、通化地区的砾岩、砂砾岩有弱的磁性。

(2)变质岩类,正常沉积的变质岩大都无磁性,角闪岩、斜长角闪岩普遍显中等磁性,而通化地区的斜长角闪岩、吉林地区的角闪岩只具有弱磁性。片麻岩、混合岩在不同地区具不同的磁性。吉林地区该类岩石具较强磁性,延边及四平地区则为弱磁性,而在通化地区则无磁性。总的来看,变质岩的磁性变化较大,有的岩石在不同地区有明显差异。

(3)火山岩类岩石普遍具有磁性,并且具有从酸性火山岩→中性火山岩→基性、超基性火山岩由弱到强的变化规律。中酸性岩浆岩磁性变化范围较大,可由无磁性变化到有磁性。其中吉林地区的花岗岩具有中等程度的磁性,而其他地区的花岗岩类多为弱磁性,延边地区的部分酸性岩表现为无磁性。四平地区的碱性岩-正长岩表现为强磁性。吉林、通化地区的中性岩磁性为弱—中等强度,而在延边地区则为弱磁性。基性—超基性岩类除在延边和通化地区表现为弱磁性外,在其他地区则为中等—强磁性。磁铁矿及含铁石英岩均为强磁性,而有色金属矿矿石一般来说均不具有磁性。

以总的趋势来看,各类岩石的磁性基本上按沉积岩、变质岩、火成岩的顺序逐渐增强,见图 2-3-5。

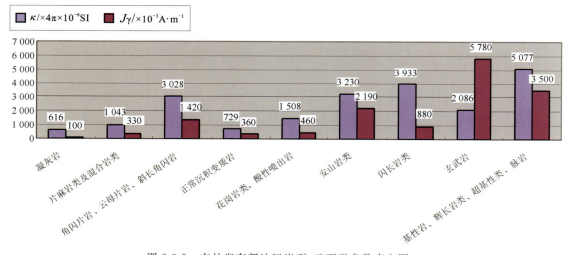

图 2-3-5　吉林省东部地区岩石、矿石磁参数直方图

2. 吉林省区域磁场特征

吉林省在航磁图上基本反映出 3 个不同场区特征,东部山区敦化-密山断裂以东地段,以东升高波动的老爷岭长白山磁场区,该磁场区向东分别进入俄罗斯和朝鲜境内,向南、向北分别进入辽宁省和黑龙江省内;敦化-密山断裂以西,四平、长春、榆树以东的中部为丘陵区,磁异常强度和范围都明显低于东部山区磁异常,向南、向北分别进入辽宁省和黑龙江省内;西部为松辽平原中部地段,为低缓平稳的松辽磁场区,向南、向北亦分别进入辽宁省及黑龙江省。

(1)东部山区磁场特征:东部山地北起张广才岭,向西南沿至柳河,通化交界的龙岗山脉以东地段,该区磁场特征以大面积正异常为主,一般磁异常极大值为500～600nT,大蒲柴河—和龙一线为华北地台北缘东段一级断裂(超岩石圈断裂)的位置。

大蒲柴河—和龙以北区域磁场特征:在大蒲柴河—和龙以北区域,航磁异常整体上呈北西走向,两块宽大北西走向正磁场区之间夹北西走向宽大的负磁场区,正磁场区和负磁场区上的各局部异常走向大多为北东向。异常最大值为300～550nT。航磁正异常主要是晚古生代以来花岗岩、花岗闪长岩及中新生代火山岩磁性的反映。磁异常整体上呈北西走向,主要是与区域上的一级、二级断裂构造方向及局部地体的展布方向为北西走向有关,而局部异常走向北东向主要受次级的二级、三级断裂构造及更小的局部地体分布方向所控制。

大蒲柴河—和龙以南区域磁场特征:大蒲柴河—和龙以南区域是东南部地台区,西部以敦密断裂带为界,北部以地台北缘断裂带为界,西南到吉林和辽宁省界,东南到吉林省和朝鲜国界。

靠近敦密断裂带和地台北缘断裂带的磁场以正场区为主,磁异常走向大致与断裂带平行。

西部正异常强度为100～400nT,走向以北东为主,正背景场上的局部异常梯度陡,主要反映的是太古宙花岗质、闪长质片麻岩,中、新太古代变质表壳岩及中、新生代火山岩的磁场特征。

北部靠近地台北缘断裂带的磁场区,以北西走向为主,强度为150～450nT,正背景场上的局部异常梯度陡,靠近北缘断裂带的磁异常以串珠状形式向外延展,总体呈弧形或环形异常带。

西支的弧形异常带从松山、红石、老金厂、夹皮沟、新屯子、万良到抚松,围绕龙岗地块的东北侧外缘分布,主要是中太古代闪长质片麻岩、中太古代变质表壳岩、新太古代变质表壳岩、寒武纪花岗闪长岩磁性的反映,中太古代变质表壳岩、新太古代变质表壳岩是含铁的主要层位。

东支的环形异常带从二道白河、两江、万宝、和龙到崇善以北区域,主要围绕和龙地块的边缘分布,各局部异常则多以东西走向为主,但异常规模较大,异常梯度也陡。大面积中等强度航磁异常主要是中太古代花岗闪长岩的反映,强度较低异常主要由侏罗纪花岗岩引起,半环形磁异常上几处强度较高的局部异常则由强磁性的玄武岩和新太古代表壳岩、变质基性岩引起。对应此半环形航磁异常,有一个与之基本吻合的环形重力高异常,说明环形异常主要由新太古代表壳岩、变质基性岩引起。特别是在半环形磁异常上东段的几处局部异常,结合剩余重力异常为重力高的特征,推断为半隐伏、隐伏新太古代表壳岩、变质基性岩引起的异常,非常具备寻找隐伏磁铁矿的前景。

中部以大面积负磁场区为主,是吉南元古代裂谷区内碳酸盐岩、碎屑岩及变质岩的磁异常反映,大面积负磁场区内的局部正异常主要是中生代中酸性侵入岩体及中新生代火山岩磁性的反映。

南部长白山天池地区,是一片大面积的正负交替、变化迅速的磁场区,磁异常梯度大,强度为350～600nT,是大面积玄武岩的反映。

敦化-密山断裂带磁场特征:敦化-密山深大断裂带,吉林省内长250km,宽5～10km,走向北东,是一系列平行的、呈雁行排列的次一级断裂组成的一条相当宽的断裂带。它的北段在磁场图上显示一系列正负异常剧烈频繁交替的线性延伸异常带,是一条由古近纪—新近纪玄武岩沿断裂带喷溢填充的线性岩带。这条呈线性展布的岩带,恰是断裂带的反映。

(2)中部丘陵区磁场特征:东起张广才岭—富尔岭—龙岗山脉一线以西,四平、长春、榆树以东的中部为丘陵区。该区磁场特征可分为4种场态特征,叙述如下。

大黑山条垒场区:航磁异常呈楔形,南窄北宽,各局部异常走向以北东为主,以条垒中部为界,南部异常范围小,强度低,北部异常范围大,强度大,最大值达到350～450nT。航磁异常主要由中生代中酸性侵入岩体引起。

伊-舒兰地堑为中新生代沉积盆地,磁场为大面积的北东走向的负场区,西侧陡,东侧缓,负场区中心靠近西侧,说明西侧沉积厚度比东侧深。

南部石岭隆起区,异常多数呈条带状分布,走向以北西为主,南侧强度为100～200nT。南侧异常为东西走向,这与所处石岭隆起区域北西向断裂构造带有关,这些北西走向的各个构造单元控制了磁异常分布形态特征。异常主要与中生代中酸性侵入岩体有关。石岭隆起区北侧为盘双接触带，接触带附近的负场区对应晚古生代地层。

北侧吉林复向斜区内航磁异常大部分由晚古生代、中生代中酸性侵入岩体引起。

(3) 平原区磁场特征：吉林西部为松辽平原中部地段，两侧为一宽大的负异常，表明该地段中新生代正常沉积岩层的磁场。这是岩相岩性较为典型的湖相碎屑沉积岩，沉积韵律稳定，厚度巨大，产状平稳，火山活动很少，岩石中缺少铁磁性矿物组分，松辽盆地中中新生代沉积岩磁性极弱，因此在这套中新生代地层上显示为单调平稳的负磁场，强度$-150\sim-50\mathrm{nT}$。

二、区域地球化学特征

(一) 元素分布及浓集特征

1. 元素的分布特征

经过对吉林省1:20万水系沉积物测量数据的系统研究及依据地球化学块体的元素专属性，编制了吉林省中东部地区地球化学元素分区及解释推断地质构造图，并在此基础上编制了主要成矿元素分区及解释推断图，见图2-3-6和图2-3-7。

图2-3-6中，以3种颜色分别代表内生作用铁族元素组合特征富集区，内生作用稀有、稀土元素组合特征富集区，外生与内生作用元素组合特征富集区。

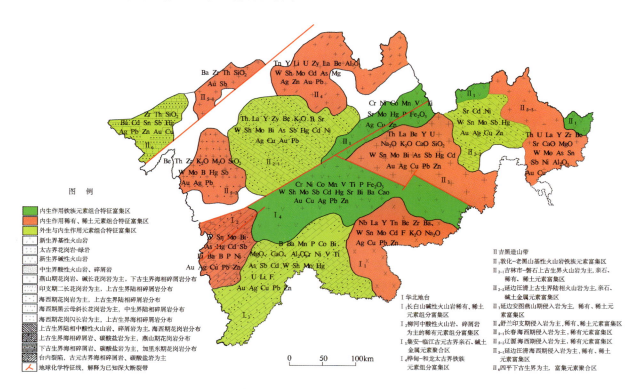

图 2-3-6　吉林省中东部地区地球化学元素分区及解释推断地质构造图

内生作用铁族元素组合特征富集区的地质背景是吉林省新生代基性火山岩、太古宙花岗-绿岩地质体的主要分布区,主要表现的是 Cr、Ni、Co、Mn、V、Ti、P、Fe_2O_3、W、Sn、Mo、Hg、Sr、Au、Ag、Cu、Pb、Zn 等元素(氧化物)的高背景区(元素富集场),尤以太古宙花岗-绿岩地质体表现突出,是吉林省铜、镍成矿的主要矿源层位。

图 2-3-7 更细致地划分出主要成矿元素的分布特征。如:太古界花岗-绿岩地质体内,划分出 5 处金、银、镍、铜、铅、锌成矿区域,构成吉林省重要的金、铜成矿带。

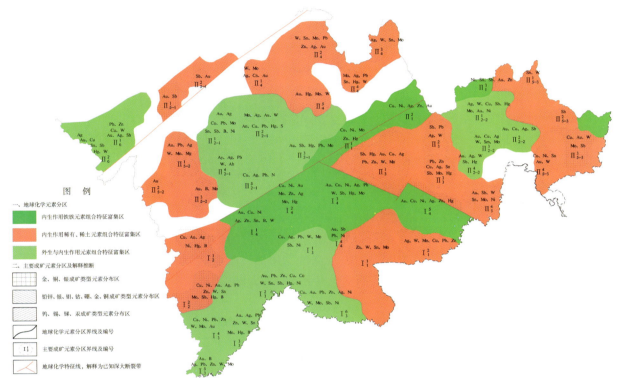

图 2-3-7　主要成矿元素分区及解释推断图

内生作用稀有、稀土元素组合特征富集区,主要表现的是 Th、U、La、Be、Li、Nb、Y、Zr、Sr、Na_2O、K_2O、MgO、CaO、Al_2O_3、Sb、F、B、As、Ba、W、Sn、Mo、Au、Ag、Cu、Pb、Zn 等元素(氧化物)的高背景区。主要的成矿元素为 Au、Cu、Pb、Zn、W、Sn、Mo,尤以 Au、Cu、Pb、Zn、W 表现优势。地质背景为新生代碱性火山岩,中生代中酸性火山岩、火山碎屑岩,以及以海西期、印支期、燕山期为主的花岗岩类侵入岩体。

外生与内生作用元素组合特征富集区,以槽区分布良好,主要表现的是 Sr、Cd、P、B、Th、U、La、Be、Zr、Hg、W、Sn、Mo、Au、Cu、Pb、Zn、Ag 等元素富集场,主要的成矿元素为 Au、Cu、Pb、Zn。地质背景为古元古代、古生代的海相碎屑岩、碳酸盐岩及晚古生代的中酸性火山岩、火山碎屑岩,同时有海西期、燕山期的侵入岩体分布。

2. 元素的浓集特征

应用 1∶20 万化探数据,计算吉林省 8 个地质子区的元素算术平均值,如图 2-3-8 所示。通过与全省元素算术平均值和地壳克拉克值对比,可以进一步量化吉林省 39 种地球化学元素区域性的分布趋势和浓集特征。

吉林省 39 种元素(氧化物)在中东部地区的总体分布态势及在 8 个地质子区当中的平均分布特征,

图 2-3-8 吉林省地质子区划分

按照元素（氧化物）平均质量分数从高到低排序为：SiO_2—Al_2O_3—F_2O_3—K_2O—MgO—CaO—Na_2O—Ti—P—Mn—Ba—F—Zr—Sr—V—Zn—Sn—U—W—Mo—Sb—Bi—Cd—Ag—Hg—Au，表现出造岩元素—微量元素—成矿系列元素的总体变化趋势，说明全省 39 种元素（氧化物）在区域上的分布分配符合元素在空间上的变化规律，这对研究吉林省元素在各种地质体中的迁移、富集、贫化有重要意义。

从整体上看，主要成矿元素 Au、Cu、Zn、Sb 在 8 个子区内的均值比地壳克拉克值要低。Au 元素能够在吉林省重要的成矿带上富集成矿，说明 Au 元素的富集能力超强，而且在另一方面也表明在吉林省重要的成矿带上，断裂构造非常发育，岩浆活动极其频繁，使得 Au 元素在后期叠加地球化学场中变异、分散更强烈。

Cu、Sb 元素在 8 个子区内的分布呈低背景状态，而且它们的富集能力较 Au 元素弱，因此 Cu、Sb 元素在吉林省重要的成矿带上富集成矿的能力处于弱势，成矿规模偏小。而 Pb、W、稀土元素均值高于地壳克拉克值，显示高背景值状态，对成矿有利。

特别需要说明的是，7 个地质子区为长白山火山岩覆盖层，属特殊景观区，Nb、La、Y、Be、Th、Zr、Ba、W、Sn、Mo、F、Na_2O、K_2O、Au、Cu、Pb、Zn 等元素（氧化物）均呈高背景值状态分布，是否具备矿化富集需进一步研究。

8 个地质子区均值与地壳克拉克值的比值大于 1 的元素有 As、B、Zr、Sn、Be、Pb、Th、W、Li、U、Ba、La、Y、Nb、F，如果按属性分类，Ba、Zr、Be、Th、W、Li、U、Ba、La、Nb、Y 均为亲石元素，与酸碱性的花岗岩浆侵入关系密切。在 2 地质子区、3 地质子区、4 地质子区广泛分布。As、Sn、Pb 为亲硫元素，是热液型硫化物成矿的反映，查看异常图，As、Sn、Pb 在 2 地质子区、3 地质子区、4 地质子区亦有较好的展现。尤其是 As(4.19)、B(4.01)，显示出较强的富集态势，而 As 为重矿化剂元素，来源于深源构造，对寻找矿体具有直接的指示作用。B、F 属气成元素，具有较强的挥发性，是酸性岩浆活动的产物，As、B 的强富集反映出岩浆活动、构造活动的发育，也反映出吉林省东部山区后生地球化学改造作用的强烈，对吉林省成岩、成矿作用影响巨大。这一点与 Au 元素富集成矿所表现出来的地球化学意义相吻合。

8 个地质子区元素平均值与全省元素平均值比值研究表明，主要成矿元素 Au、Ag、Cu、Pb、Zn、Ni 相对于省均值，在 4 地质子区、5 地质子区、6 地质子区、7 地质子区、8 地质子区的富集系数都大于 1 或接近 1，说明 Au、Ag、Cu、Pb、Zn、Ni 在这 5 个地质区域内处于较强的富集状态，即主要位于吉林省的台区为高背景值区，是重点找矿区域。区域成矿预测证明 4 地质子区、5 地质子区、6 地质子区、7 地质子区、8 地质子区是吉林省贵金属、有色金属的主要富集区域，有名的大型矿床、中型矿床都聚集于此。

在 2 地质子区 Ag、Pb 富集系数都为 1.02，Au、Cu、Zn、Ni 的富集系数都接近 1，也显示出较好的富集趋势,值得重视。

W、Sb 的富集态势总体显示较弱,只在 1 地质子区、2 地质子区和 6 地质子区、7 地质子区表现出一定富集趋势,表明在表生介质中元素富集成矿的能力呈弱势。这与吉林省钨、锑矿产的分布特点相吻合。

稀土元素除 Nb 以外,Y、La、Zr、Th、Li 在 1 地质子区、2 地质子区和 7 地质子区、8 地质子区的富集系数都大于 1 或接近 1,显示一定的富集状态,是稀土矿预测的重要区域。

Hg 是典型的低温元素,可作为前缘指示元素用于评价矿床剥蚀程度。另一方面,它作为远程指示元素,是预测深部盲矿的重要标志。富集系数大于 1 的子区有 3 地质子区、5 地质子区、6 地质子区,显示 Hg 元素在吉林省主要的成矿区,用于研究 Au、Ag、Cu、Pb、Zn 迁移、富集可起到重要作用。

F 作为重要的矿化剂元素,在 6 地质子区、7 地质子区、8 地质子区中有较明显的富集态势,表明 F 元素在后期的热液成矿中,对 Au、Ag、Cu、Pb、Zn 等主成矿元素的迁移、富集起到非常重要的作用。

(二)区域地球化学场特征

吉林省可以划分为以铁族元素为代表的同生地球化学场,以稀有、稀土元素为代表的同生地球化学场及以亲石、碱土属元素为代表的同生地球化学场。本次根据元素的因子分析图示,对以往的构造地球化学分区进行适当修整,如图 2-3-9 所示。

图 2-3-9 吉林省中东部地区同生地球化学场分布图(据金丕兴,何启良,1992)

三、区域遥感特征

1.区域遥感特征分区及地貌分区

吉林省遥感影像图是利用 2000—2002 年接收的吉林省境内 22 景 ETM 数据经计算机录入、融合、校正并镶嵌后,选择 B7、B4、B3 三个波段分别赋予红色、绿色、蓝色后形成的假彩色图像。

吉林省的遥感影像特征可按地貌类型分为长白山中低山区,包括张广才岭、龙岗山脉及其以东的广大区域,遥感图像上主要表现为绿色、深绿色,中山地貌,除山间盆地谷地及玄武岩台地外,其他地区地形切割较深,地形较陡,水系发育;长白山低山丘陵区,西部以大黑山西麓为界,东至蛟河-辉发河谷地,多由海拔500m以下的缓坡宽谷的丘陵组成，沿河一带发育成串的小盆地群或长条形地堑，遥感影像特征主要表现为绿色—浅绿色，山脚及盆地多显示为粉色或藕荷色，低山丘陵地貌，地形坡度较缓，冲沟较浅，植被覆盖度为30%～70%；大黑山条垒以西至白城西岭下镇，为松辽平原部分，东部为台地平原区，又称大黑山山前台地平原区，地面高度在200～250m之间，地形呈波状或浅丘状；西部为低平原区，又称冲积湖积平原区或低原区，该区地势最低，海拔为110～160m，为大面积冲湖积物，湖泡周边及古河道发生极强的土地盐渍化，遥感图像上显示为粉色、浅粉色及粉白色，西南部发育土地沙化，呈沙垄、沙丘等，遥感图像上为砖红色条带状或不规则块状；岭下镇以西，为大兴安岭南麓，属低山丘陵区，遥感图像上显示为红色及粉红色，丘陵地貌，多以浑圆状山包显示，冲沟极浅，水系不甚发育。

2.区域地表覆盖类型及其遥感特点

长白山中低山区及低山丘陵区，植被覆盖度高达70%，并且多以乔木、灌木林为主，遥感图像上主要表现为绿色、深绿色；盆地或谷地主要表现为粉色或藕荷色，主要被农田覆盖；松辽平原区，东部为台地平原，此区为大面积新生代冲洪积物，为吉林省重要产粮基地，地表被大面积农田覆盖，遥感图像上为绿色或紫红色；西部为低平原区，又称冲积湖积平原区或低原区，该区地势最低，海拔110～160m，为大面积冲湖积物，湖泡周边及古河道发生极强的土地盐渍化，遥感图像上显示为粉色、浅粉色及粉白色，西南部发育土地沙化，呈沙垄、沙丘等，遥感图像上为砖红色条带状或不规则块状；岭下镇以西，为大兴安岭南麓，属低山丘陵区，植被较发育，多以低矮草地为主，遥感图像上显示为浅绿色或浅粉色。

3.区域地质构造特点及其遥感特征

吉林省地跨两大构造单元，大致以开原—山城镇—桦甸—和龙连线为界，南部为中朝准地台，北部为天山-兴安地槽区，槽台之间为一规模巨大的超岩石圈断裂带（华北地台北缘断裂带），遥感图像上主要表现为近东西走向的冲沟、陡坎两种地貌单元界线，并伴有与之平行的糜棱岩带形成的密集纹理。吉林省内的大型断裂全部表现为北东走向，它们多为不同地貌单元的分界线，或对区域地形地貌有重大影响，遥感图像上多表现为北东走向的大型河流、北东向排列陡坎两种地貌单元界线。吉林省的中型断裂表现在多方向上，主要有北东向、北西向、近东西向和近南北向，它们以成带分布为特点，单条断裂长度十几千米至几十千米，断裂带长度几十千米至百余千米，遥感影像特征主要表现为冲沟、山鞍、洼地等，控制二级、三级水系。小型断裂遍布吉林省的低山丘陵区，规模小，分布规律不明显，断裂长几千米至十几千米或数十千米，遥感图像上主要表现为小型冲沟、山鞍或洼地。

吉林省环状构造比较发育，遥感图像上多表现为环形或弧形色线、环状冲沟、环状山脊，偶尔可见环形色块，规模从几千米到几十千米，大者可达数百千米，分布具有较强的规律性，主要分布于北东向线性构造带上，尤其是该方向线性构造带与其他方向线性构造带交会部位，环形构造成群分布；块状影像主要为北东向相邻线性构造形成的挤压透镜体及北东向线性构造带与其他方向线性构造带交会，形成菱形块状或眼球状块体，分布明显受北东向线性构造带控制。

四、区域自然重砂特征

（一）区域自然重砂矿物特征及其分布规律

1.铁族矿物：磁铁矿、黄铁矿、铬铁矿

磁铁矿在吉林省中东部地区分布较广，以放牛沟地区、头道沟—吉昌地区、塔东地区、五凤地区及闹枝—棉田地区集中分布。这一分布特征与吉林省航磁 ΔT 等值线相吻合。

黄铁矿主要分布在通化、白山及龙井、图们地区。

铬铁矿分布较少,只在香炉碗子—山城镇、刺猬沟—九三沟和金谷山—后底洞地区展现。

2. 有色金属矿物:白钨矿、锡石、方铅矿、黄铜矿、辰砂、毒砂、泡铋矿、辉钼矿、辉锑矿

白钨矿是吉林省分布较广的重砂矿物,主要分布在吉林省中东部地区中部的辉发河-古洞河东西向复杂成矿构造带上,即红旗岭-漂河川成矿带、柳河-那尔轰成矿带、夹皮沟-金城洞成矿带和海沟成矿带上。在辉发河-古洞河成矿构造带的西北端的大蒲柴河-天桥岭成矿带、百草沟-复兴成矿带和春化-小西南岔成矿带上也有较集中的分布。在吉林地区的江蜜峰镇、天岗镇、天北镇,以及白山地区的石人镇、万良镇亦有少量分布。

锡石主要分布在中东部地区的北部,以福安堡、大荒顶子和柳树河-团北林场最为集中,在中部地区的漂河川及刺猬沟—九三沟有零星分布。

方铅矿作为重砂矿物主要分布在矿洞子—青石镇地区,大营—万良地区和荒沟山—南岔地区,其次是山门地区、天宝山地区和闹枝—棉田地区。而在夹皮沟—溜河地区、金厂镇地区有零星分布。

黄铜矿集中分布在二密—老岭沟地区,部分分布在赤柏松—金斗地区、金厂地区和荒沟山—南岔地区;在天宝山地区、五凤地区、闹枝—棉田地区呈零星分布。

辰砂在中东部地区分布较广,山门-乐山、兰家-八台岭成矿带;那丹伯-—座营、山河-榆木桥子、上营-蛟河成矿带;红旗岭-漂河川、柳河-那尔轰、夹皮沟-金城洞、海沟成矿带;大蒲柴河-天桥岭、百草沟-复兴、春化-小西南岔成矿带,以及二密-靖宇、通化-抚松、集安-长白成矿带都有较密集的分布,是金矿、硫铁矿、铜矿、铅锌矿评价预测的重要矿物之一。

毒砂、泡铋矿、辉钼矿、辉锑矿在中东部地区分布稀少,其中,毒砂在二密—老岭沟地区以一小型汇水盆地出现,在刺猬沟—九三沟地区、金谷山—后底洞地区及其北端以零星状态分布。泡铋矿集中分布在五凤地区和刺猬沟—九三沟地区及其外围。辉钼矿以零星点状分布在石嘴—官马地区、闹枝—棉田地区和小西南岔—杨金沟地区中。辉锑矿以4个点异常分布在万宝地区。

3. 贵金属矿物:自然金、自然硫铁矿

自然金与白钨矿的分布状态相似,以沿着敦密断裂及辉发河-古洞河东西向复杂构造带分布为主,在其两侧亦有较为集中的分布。整体分布态势可归纳为4个部分:一是沿石棚沟—夹皮沟—海沟—金城洞一线呈带状分布,二是分布在矿洞子—正岔—金厂—二密一带,三是分布在五凤—闹枝—刺猬沟—杜荒岭—小西南岔一带,四是沿山门—放牛沟到上河湾呈零星状态分布。第一带近东西向横贯吉林省中部区域,称为中带;第二带位置在吉林省南部,称为南带;第三带在吉林省东北部延边地区,称为北带;第四部分在大黑山条垒一线,称为西带。

自然硫铁矿只有两个高值点异常,分布在矿洞子—青石镇地区北侧。

4. 稀土矿物:独居石、钍石、磷钇矿

独居石在吉林省中东部地区分布广泛,分布在万宝-那铜成矿带,山门-乐山、兰家-八台岭成矿带,那丹伯-—座营、山河-榆木桥子、上营-蛟河成矿带,红旗岭-漂河川、柳河-那尔轰、夹皮沟-金城洞、海沟成矿带,大蒲柴河-天桥岭、百草沟-复兴、春化-小西南岔成矿带,二密-靖宇、通化-抚松、集安-长白等Ⅳ级成矿带,整体呈条带状分布。

钍石分布比较明显,主要集中在五凤地区、闹枝—棉田地区、山门—乐山地区、兰家—八台岭地区、那丹伯——座营地区、山河—榆木桥子地区、上营—蛟河地区。

磷钇矿分布较稀少,而且零散,主要分布在福安堡地区、上营地区的西侧,大荒顶子地区西侧,漂河川地区北端,万宝地区。

5. 非金属矿物：磷灰石、重晶石、萤石

磷灰石在吉林省中东部地区分布最为广泛，主要体现在整个中东部地区的南部。以香炉碗子—石棚沟—夹皮沟—海沟—金城洞一带集中分布，而且分布面积大，沿复兴屯—金厂—赤柏松—二密一带也分布有较大规模的磷灰石；在椅山—湖米地区、火炬丰地区、闹枝—棉田地区有部分分布。其他区域磷灰石以零散状态存在。

重晶石亦主要存在于吉林省东部山区的南部，呈两条带状分布，即古马岭—矿洞子—复兴屯—金厂和板石沟—浑江南—大营—万良。在椅山—湖米地区、金城洞—木兰屯地区和金谷山—后底洞地区以零星状分布。

萤石只在山门地区和五凤地区以零星点形式存在。

以上20种重砂矿物均分布在吉林省中东部地区，它们的分布特征与不同时代的岩性组合、侵入岩的不同岩石类型都具有一定的内在联系。以往的研究表明，这20种重砂矿物在白垩系、侏罗系、二叠系、寒武系—石炭系、震旦系及太古宇中都有不同程度的存在。古元古界集安（岩）群和老岭（岩）群作为吉林省重要的成矿建造层位，重砂矿物分布众多，重砂异常发育，与成矿关系密切。燕山期和海西期侵入岩在吉林省中东部地区大面积出露，重砂矿物如自然金、白钨矿、辰砂、方铅矿、重晶石、锡石、黄铜矿、毒砂、磷钇矿、独居石等的质量分数都很高，而且在人工重砂取样中也达到较高的质量分数。

第三章 成矿地质背景研究

第一节 技术流程

(1)明确任务,学习"全国矿产资源潜力评价"项目地质构造研究工作技术要求等有关文件。

(2)收集有关的地质、矿产资料,特别注意收集最新的有关资料,编绘实际材料图。

(3)编绘过程中,以1:25万综合建造构造图为底图,再以预测工作区1:5万区域地质图的地质资料加以补充,将收集到的与侵入岩体型、沉积变质型硫铁矿有关的资料编绘于图中。

(4)明确目标地质单元,划分图层,以明确的目标地质单元为研究重点,同时研究控矿构造、矿化、蚀变等内容。

(5)图面整饰,按统一技术要求,编制图示、图例。

(6)编图:遵照沉积、变质、岩浆岩研究工作要求进行编图,要将与相应类型硫铁矿矿床形成有关的地质矿产信息较全面地标绘在图中,形成预测底图。

(7)编写说明书:按照统一要求的格式编写。

(8)建立数据库:按照规范要求建库。

第二节 建造构造特征

根据吉林省硫铁矿成矿地质作用特点和已知矿床的成矿特征,在充分分析前人工作成果资料的基础上,划分了4种矿产预测类型,并依据硫铁矿的含矿地质条件,重、磁推断地质体及构造特征,遥感解译特征等圈定了5个预测工作区。

(1)放牛沟式海相火山岩型:划分1个预测工作区,即放牛沟预测工作区。

(2)西台子式湖相沉积型:划分1个预测工作区,即西台子预测工作区。

(3)头道沟式矽卡岩型:划分1个预测工作区,即倒木河-头道沟预测工作区。

(4)狼山式沉积变质型:划分2个预测工作区,即上甸子-七道岔预测工作区和热闹-青石预测工作区。

一、放牛沟预测工作区

(一)区域建造构造特征

预测工作区大地构造位置处于晚三叠世—中生代东北叠加造山裂谷系(Ⅰ),小兴安岭-张广才岭叠加岩浆弧(Ⅱ),张广才岭-哈达岭火山-盆地区(Ⅲ),大黑山条垒火山-盆地群(Ⅳ)内。

该工作区位于华北陆块(地台)北缘活动陆缘带,早古生代伊泉岩浆弧南东,依通-舒兰地堑的东南部,四平-德惠和伊通-依兰两条壳断裂之间的大黑山条垒南段东缘断裂带上。区内与硫铁矿有关的建造为下古生界奥陶系放牛沟中酸性火山岩-碳酸盐岩-碎屑岩建造;伊通-依兰深断裂为主要的导矿构造,控制了区内地层、岩浆岩的分布,其两侧与之有成因联系的次一级脆性断裂构造是容矿和控矿构造。区内硫铁(多金属)矿床(点)与古生代沉积变质火山岩系有关。

(二)预测工作区建造特征

1. 火山岩建造

古生界上奥陶统放牛沟火山岩为浅变质中酸性火山碎屑岩-碳酸盐岩建造,主要岩性为英安质凝灰熔岩、片理化流纹质凝灰岩夹大理岩,含硫铁矿。

2. 侵入岩建造

(1)加里东晚期侵入岩建造,主要为晚志留世闪长岩建造、片麻状石英闪长岩建造、片麻状花岗闪长岩建造。

(2)印支期侵入岩建造,主要有晚三叠世辉长岩建造、石英闪长岩建造。

(3)燕山期侵入岩建造,燕山早期侵入岩十分发育,主要有早侏罗世花岗闪长岩、二长花岗岩、正长花岗岩建造,中侏罗世石英二长岩、二长花岗岩建造,晚侏罗世闪长岩建造,早白垩世正长花岗岩建造。

3. 沉积岩建造

区内有中生界下白垩统泉头组碎屑岩沉积建造(以紫色砂岩、泥岩为主,夹灰白色含砾砂岩、细砂岩);第四系中更新统东风组、荒山组(黄土层、亚砂土、砂砾石层);上更新统哈尔滨组、东岗组(黄土层、亚砂土)、青山头组、顾乡屯组(亚黏土、粗砂砾);全新统砂、砾石层,黏土层堆积(阶地及河流相)。

4. 变质岩建造

下古生界上奥陶统放牛沟火山岩为浅变质中酸性火山岩-碳酸盐岩-碎屑岩建造,岩性为变英安质凝灰熔岩、片理化流纹质凝灰岩、变质砂岩、粉砂岩夹大理岩。下志留统桃山组为灰黑色板岩、砂质板岩与砂岩、粉砂岩互层;中志留统石缝组分为上部和下部,上部为千枚状板岩夹结晶灰岩,下部为变质砂岩与大理岩互层;弯月组为变质流纹岩、变质安山岩夹大理岩。

二、西台子预测工作区

(一)区域建造构造特征

预测工作区大地构造位置处于晚三叠世—中生代东北叠加造山裂谷系(Ⅰ),小兴安岭-张广才岭叠加岩浆弧(Ⅱ),张广才岭-哈达岭火山-盆地区(Ⅲ),南楼山-辽源火山-盆地群(Ⅳ)内。

该工作区位于天山-兴安地槽褶皱区与华北地台两大构造单元接壤地带的吉黑褶皱系盘桦裂陷槽的东缘,敦化-密山走滑-伸展复合地堑(桦甸段)辉发河北东向断裂带内。区域上与成矿有关的构造为北东向断裂,向斜是主要的控矿和储矿构造。与成矿有关的主要为古近系桦甸组细碎屑岩-泥质岩建造。

(二)预测工作区建造特征

1. 火山岩建造

该建造包括上古生界上石炭统—下二叠统窝瓜地组(片理化英安岩夹灰岩、砂岩、粉砂岩),中生界上侏罗统安民组(安山岩、砂岩、页岩夹煤层)、白垩系金家屯组(英安岩、英安质凝灰岩、火山角砾岩),中新统船底山组(玄武岩、橄榄玄武岩、安山玄武岩)。

2. 侵入岩建造

(1)中条期侵入岩建造。该建造主要为古元古代辉长岩建造。

(2)燕山期侵入岩建造。该建造主要有早侏罗世中细粒闪长岩建造、二长花岗岩建造,中侏罗世花岗闪长岩建造,早白垩世花岗斑岩建造。

(3)喜马拉雅期侵入岩建造。该建造主要为古近纪辉长岩建造。

3. 沉积岩建造

该建造包括晚古生界中二叠统大河深组中酸性火山-沉积岩建造(酸性熔岩、熔结凝灰岩、砂岩、砾岩、粒屑灰岩),中生界下白垩统小南沟组(砾岩、含砾砂岩、砂岩),新生界古近系桦甸组沼泽亚相(含砾)砂岩夹煤岩建造(含砾粗砂岩、砂岩、粉砂岩、泥岩-油页岩含硫铁矿、砂岩夹煤)、新近系土门子组(砾岩、砂岩),第四纪Ⅱ级阶地及河漫滩堆积,晚更新世阶地砂砾石、黏土堆积和河流-河漫滩相砂砾石松散堆积。

4. 变质岩建造

区内变质岩有中太古代英云闪长质片麻岩,杨家店岩组斜长角闪岩、黑云斜长片麻岩、黑云二长变粒岩,寒武系—奥陶系黄莺屯(岩)组黑云斜长变粒岩、黑云角闪斜长变粒岩与硅质条带大理岩互层夹斜长角闪岩、蓝晶石榴十字石白云母片岩。

三、倒木河-头道沟预测工作区

(一)区域建造构造特征

预测工作区大地构造位置处于晚三叠世—中生代东北叠加造山裂谷系(Ⅰ),小兴安岭-张广才岭叠加岩浆弧(Ⅱ),张广才岭-哈达岭火山-盆地区(Ⅲ),南楼山-辽源火山-盆地群(Ⅳ)内。

该工作区位于天山-兴安地槽褶皱区与华北地台两大构造单元接壤地带的吉黑褶皱系盘桦裂陷槽的东缘,南楼山-辽源中生代火山盆地群、吉林省中东部火山岩浆带的叠合部位。区域上与成矿有关的断裂构造为北东向,是主要的控矿和储矿构造。出露有下古生界呼兰(岩)群头道岩组变质中基性火山岩-碎屑岩夹碳酸盐岩建造,上古生界二叠系沉积岩建造,中生界三叠系中酸性火山岩-碎屑岩建造;侵入岩浆建造有海西期基性—中性侵入岩建造、燕山期中酸性侵入岩建造。区内与硫铁矿有关的含矿建造为中生代中酸性侵入岩与呼兰(岩)群头道岩组变质中基性火山岩-碎屑岩建造。

(二)预测工作区建造特征

1. 火山岩建造

区内火山岩较发育,主要有上三叠统四合屯组中酸性火山岩-碎屑岩建造(安山质凝灰角砾岩、集块岩、角砾岩、安山岩夹安山质凝灰岩),安山岩建造与燕山期花岗斑岩接触带形成小型铜及多金属含硫铁矿床;下侏罗统玉兴屯组中酸性火山岩-沉积岩建造(下部和上部为碎屑岩建造,中部为流纹质-安山质火山碎屑岩建造),它与中侏罗世花岗闪长岩接触带内有锅盔顶子小型铜含硫铁矿矿床,属岩浆期后热液型矿床;下侏罗统南楼山组火山岩-碎屑岩建造(安山质凝灰角砾岩、凝灰岩及流纹质凝灰角砾岩,安山质集块岩、碎斑熔岩及碎斑熔岩角砾岩,安山岩、英安岩、流纹岩)在倒木河一带南楼山组火山岩-碎屑岩建造中有大型砷、铜含硫铁矿矿床和数处小型矿点、矿化点,属于与南楼山火山岩有关的热液型矿床。

2. 侵入岩建造

(1)海西期侵入岩建造,主要有二叠纪橄榄岩建造。
(2)印支期侵入岩建造,主要有晚三叠世石英闪长岩、花岗闪长岩、二长花岗岩建造。
(3)燕山早期侵入岩建造,包括中侏罗世石英闪长岩、花岗闪长岩、二长花岗岩建造和晚侏罗世二长花岗岩建造,早白垩世闪长玢岩、二长花岗岩、(晶洞)碱长花岗岩、花岗斑岩建造。

3. 沉积岩建造

区内有晚古生界中二叠统寿山沟组(含砾细砂岩、粉砂岩夹灰岩透镜体)、范家屯组(砂砾岩,黑色细砂岩、粉砂岩,厚层灰岩夹凝灰质砂岩,细砂岩、粉砂岩、凝灰质砂岩),新近系水曲柳组(灰绿色砂砾岩、粉砂岩、泥岩),第四系上更新统阶地砂砾石、黏土堆积和河流-河漫滩相砂砾石松散堆积。

4. 变质岩建造

寒武系头道岩组斜长阳起石岩夹变质砂岩建造,上部为变质砂岩夹阳起石岩建造(变质粉砂岩、千枚状板岩、碳质板岩、变凝灰质砂岩及斜长阳起石岩),下部为斜长阳起石岩夹变质砂岩建造(斜长阳起石岩夹变质砂岩和变质中性、基性、超基性岩),为头道沟硫铁矿的主要含矿层位,并有多处铜、铅、锌及金、硫化物矿点(矿化点)。

四、热闹-青石预测工作区

(一)区域建造构造特征

预测工作区大地构造位置处于南华纪—中三叠世华北东部陆块(Ⅱ),胶辽吉古元古裂谷(Ⅲ),八道江坳陷盆地-老岭隆起(Ⅳ)内。

该工作区位于辽吉裂谷的中段,区内成矿地质构造背景复杂,北东向盆地与隆起相间分布,由北西向南东依次为龙岗陆块、浑江凹陷、老岭隆起、鸭绿江凹陷。区内发育有古元古代沉积盖层、南华纪—震旦纪沉积盖层、古生代沉积盖层、中生代叠加的火山-沉积盖层;龙岗隆起带、老岭隆起带主要由太古宙表壳岩和古元古代变质岩系组成。中生代中酸性侵入岩建造和古元古代变质岩建造与成矿关系密切,呈现层控内生型特征。

(二)预测工作区建造特征

1. 火山岩建造

该预测工作区火山岩建造包括中生界中侏罗统果松组(下部为砾岩,中部为玄武安山岩、安山岩,上部为安山质火山角砾岩、岩屑晶屑凝灰岩)、上侏罗统林子头组(下部为安山质集块岩,向上为安山岩、岩屑晶屑凝灰岩、英安质凝灰岩,顶部为砂岩、粉砂岩)。

2. 侵入岩建造

(1)五台期侵入岩建造,主要有古元古代辉长岩、花岗闪长岩、角闪正长岩、巨斑状花岗岩建造。
(2)印支期侵入岩建造,主要有晚三叠世石英闪长岩、花岗闪长岩、二长花岗岩建造。
(3)燕山早期侵入岩建造,燕山早期侵入岩十分发育,主要有晚侏罗世中细粒闪长岩、中细粒石英闪长岩、中粒二长花岗岩,早白垩世碱长花岗岩、花岗斑岩建造。

3. 沉积岩建造

区内有南华系钓鱼台组(石英质角砾岩夹赤铁矿、石英砂岩)、南芬组(页岩夹泥灰岩)、桥头组(海绿石石英粉砂岩、页岩)。震旦系—二叠系沉积岩为陆表海形成的碎屑岩建造、台地碳酸盐岩建造、碎屑岩夹有机岩建造等,包括震旦系万隆组(碎屑灰岩、藻屑灰岩、泥晶灰岩)、八道江组和青沟子组,寒武系馒头组(泥质白云岩、粉砂岩夹石膏蒸发岩建造)、张夏组(鲕状灰岩、生物碎屑灰岩)、崮山组—炒米店组(薄层灰岩夹页岩),奥陶系冶里组(竹叶状灰岩、页岩)、亮甲山组(灰岩、白云质灰岩)。中生代山间盆地或断陷盆地形成的碎屑岩建造和有机岩建造(小东沟组:砾岩、砂岩、粉砂岩夹泥灰岩劣质煤)。第四系上更新统阶地砂砾石、黏土堆积和河流-河漫滩相砂砾石松散堆积。

4. 变质岩建造

区内出露变质岩有中太古代英云闪长质片麻岩,新太古代黑云变粒岩、斜长角闪岩、磁铁石英岩(红透山岩组)。古元古界蚂蚁河(岩)组黑云变粒岩、浅粒岩、斜长角闪岩夹白云质大理岩、含硼蛇纹石化大理岩、电气石变粒岩,以含硼为特征;荒岔沟(岩)组石墨变粒岩、含墨透辉变粒岩、含墨大理岩夹斜长角闪岩;大东岔岩组含夕线石(黑云)变粒岩夹石榴黑云斜长片麻岩;老岭(岩)群林家沟岩组钠长变粒岩、黑云变粒岩夹白云质大理岩(新农村段)、透闪变粒岩、黑云变粒岩夹大理岩、硅质条带大理岩(板房沟段);珍珠门岩组厚层(白云质)大理岩;花山岩组云母片岩、大理岩;临江岩组石英片岩夹二云片岩、黑云变粒岩;大栗子(岩)组千枚岩夹大理岩及石英岩。

五、上甸子-七道岔预测工作区

(一)区域建造构造特征

预测工作区大地构造位置处于南华纪—中三叠世华北东部陆块(Ⅱ),胶辽吉古元古代裂谷(Ⅲ),老岭隆起(Ⅳ)内。

该工作区位于胶辽陆块东端(辽吉陆块)北部。区内北东向盆地与隆起相间分布,由北西向南东依次为龙岗陆块、浑江凹陷、老岭隆起、鸭绿江凹陷。龙岗隆起带、老岭隆起带主要由太古宙表壳岩和古元古代变质岩系组成。中生代中酸性侵入岩建造和古元古代变质岩(老岭变质核杂岩)建造与成矿关系密切。老岭变质核杂岩核部为太古宙变质酸性花岗岩建造、古元古代变质岩建造和南华纪碎屑岩-铁质岩建造,其中发育韧性剪切带和糜棱岩,还有中生代高应变伸展期形成的酸性侵入岩,区内主要的硫铁矿多金属矿床均赋存于变质核杂岩核中。

(二)预测工作区建造构造特征

1. 火山岩建造

区内火山岩较发育,主要为中生代钙碱性火山岩建造及其火山碎屑岩建造,有上三叠统长白组安山岩、英安岩及中酸性火山碎屑岩,天桥岭组流纹质和英安质火山岩、火山碎屑岩,侏罗系果松组、林子头组中所夹火山碎屑岩、凝灰岩;新近系军舰山组玄武岩建造。

2. 侵入岩建造

区内侵入岩在区域上显示多期、多阶段侵入特点,有古元古代条痕状(钾长)花岗岩、球斑-巨斑花岗岩,晚三叠世似斑状花岗闪长岩,中侏罗世石英闪长岩、二长花岗岩,晚侏罗世闪长岩、石英闪长岩、花岗闪长岩、二长花岗岩。侵入岩在区域上呈近北东向带状展布的花岗岩浆岩带,出露于老岭变质核杂岩的核部,对硫铁矿矿床的形成有重要意义。

3. 沉积岩建造

该区沉积岩建造有南华系马达岭组、白房子组、钓鱼台组、南芬组、桥头组,震旦系万隆组、八道江组、青沟子组,寒武系水洞组、碱厂组、馒头组、张夏组、崮山组、炒米店组,奥陶系冶里组、亮甲山组、马家沟组,石炭系—二叠系本溪组、太原组、山西组、石盒子组、孙家沟组,三叠系小河口组,侏罗系义和组、小东沟组、鹰嘴砬子组、石人组,白垩系小南沟组。

4. 变质岩建造

变质岩建造有中太古代英云闪长质片麻岩建造、新太古代变二长花岗岩变质建造和古元古代老岭(岩)群变质建造。老岭(岩)群变质建造有林家沟岩组变质建造(石英岩夹变质砾岩、变粒岩夹白云质大理岩、黑云变粒岩夹大理岩和板岩夹大理岩变质建造），珍珠门岩组厚层大理岩变质建造（厚层白云质大理岩、条带状大理岩、角砾状大理岩），花山岩组二云片岩夹大理岩变质建造（二云片岩、二云石英片岩夹大理岩、云母石英片岩、十字二云片岩和大理岩），临江岩组二云片岩夹变质长石石英岩变质建造（二云片岩、黑云变粒岩夹灰白色中厚层石英岩），大栗子（岩）组千枚岩夹大理岩变质建造（以千枚岩为主，夹大理岩、变质砂岩及铁矿层）。

第四章 典型矿床与区域成矿规律研究

第一节 技术流程

(1)研究矿床形成的地质构造环境及控矿因素。

(2)研究矿床三维空间分布特征,编制矿体立体图或编制不同中段水平投影组合图、不同剖面组合图。分析矿床在走向和垂向上的变化、形成深度、分布深度、剥蚀程度。

(3)研究矿床物质成分,包括矿床矿物组成,主量元素及伴生元素含量及其赋存状态、平面、剖面分布变化特征。

(4)分析各成矿阶段蚀变矿物组合,蚀变作用过程中物质成分的带出带入,蚀变空间分带特征,分析主元素迁移过程和沉淀过程的不同蚀变特征。

(5)划分矿床的成矿阶段,研究主成矿元素在各成矿阶段的富集变化,划分成矿期,说明各成矿期主元素的变化。

(6)确定成矿时代,成矿作用一般经历了漫长的地质发展历史过程,有的是多期成矿,叠加成矿,因此一般情况下成矿作用时代以矿床就位年龄为代表,就位年龄包括直接测定年龄、间接推断年龄、地质类比年龄和矿床类比年龄,应收集重大地质事件对成矿的影响年龄。

(7)分析成矿地球化学特征:运用各成矿阶段的矿物组合、蚀变矿物组合、交代作用、同位素资料、包裹体成分、成矿温度、压力、酸碱度、氧逸度、硫逸度分析等资料,确定元素迁移富集的内外部条件、地质地球化学标志和迁移富集机理。

(8)分析可能的物质成分来源,包括主要成矿金属元素来源、硫来源、热液流体来源。

(9)确定具体矿床的直接控矿因素和找矿标志。

(10)结合沉积作用、岩浆活动、构造活动和变质作用等控矿因素分析成矿就位机制及成矿作用过程。

(11)建立典型矿床成矿模式。通过典型矿床研究,系统总结成矿的地质构造环境,控矿的各类及主要控矿因素,矿床的三维空间分布特征,矿床的物质组成,成矿期次,矿床的地球物理、地球化学、遥感、自然重砂特征及标志,成矿物理化学条件,成矿时代及矿床成因,建立典型矿床成矿模式,编制成模式图。

(12)建立典型矿床综合评价找矿模型。在典型矿床成矿模式研究的基础上,结合矿床地球物理、地球化学、遥感及重砂等特征,建立典型矿床综合评价找矿模型。它的研究内容为:①成矿地质条件,包括构造环境、岩石组合、构造标志及围岩蚀变;②找矿历史标志,包括采矿遗迹和文字记录;③地球物理标志,包括重力、磁法、电法及伽马能谱等;④地球化学标志,主要包括区域的和矿区的;⑤遥感信息标志,包括遥感的色、带、环、线、块,以及羟基和铁染异常;⑥地表找矿标志,包括含矿建造或岩石组合的特殊标志,原生露头或矿石转石等;⑦编制典型矿床综合评价找矿模型图。

第二节 典型矿床研究

一、典型矿床选取及其特征

根据吉林省硫铁矿成因类型确定4个典型矿床,全面开展硫铁矿特征研究,即海相火山岩型伊通县放牛沟多金属硫铁矿床、湖相沉积型桦甸市西台子硫铁矿床、矽卡岩型永吉县头道沟硫铁矿床和海相沉积变质型临江市荒沟山硫铁矿床。

(一)伊通县放牛沟多金属硫铁矿床特征

1. 地质构造环境及成矿条件

放牛沟多金属硫铁矿床位于南华纪—中三叠世天山-兴蒙-吉黑造山带(Ⅰ)、小兴安岭-张广才岭弧盆系(Ⅱ)、小顶子-张广才-黄松裂陷槽(Ⅲ)、大顶子-石头口门上叠裂陷盆地(Ⅳ)内,四平-德惠断裂带和伊通-伊兰断裂带之间,大黑山隆起带的中心部位。

1)地层

矿区内地层主要为下古生界上奥陶统放牛沟火山岩和下志留统桃山组,为一套浅变质中性—酸性火山岩及沉积岩。此外中生界白垩系、新生界古近系和新近系亦有零星出露,如图4-2-1所示。

(1)上奥陶统放牛沟火山岩:主要为浅变质中酸性火山岩-碳酸盐岩-碎屑岩建造。厚1 238.78~1 587.13m,岩性主要为片理化安山岩、片理化流纹岩,绢云石英片岩夹大理岩透镜体、大理岩、条带状大理岩,其中白色大理岩夹条带状大理岩为主要赋矿层位。

(2)下志留统桃山组:主要为浅变质中酸性火山岩-泥岩建造。厚1 302.03~1 746.96m,分为上、下两段:下段为浅变质中酸性火山岩,岩性为片理化含砾安山质凝灰岩及安山质角砾岩、片理化安山岩夹大理岩透镜体、片理化凝灰岩;上段为正常沉积-酸性火山岩,岩性为泥质板岩、碳质板岩夹大理岩透镜体,逐渐过渡到片理化流纹岩。

2)侵入岩

区内岩浆活动频繁,形成的侵入体均呈大小不等的岩株状产出,主要为海西早期、海西晚期、燕山早期。

(1)海西早期侵入岩:可分为三期。

海西早期第一阶段超基性岩侵入体仅见于施家油坊北山,呈东西向脉状展布,侵入于桃山组上段的碳质板岩中,后被闪长岩和石英二长岩侵入,岩性为橄榄辉石岩(角闪岩)。岩体中见有较强的黄铁矿化及磁黄铁矿化,Cu、Co、Ni质量分数远远高于克拉克值。

海西早期第二阶段酸性岩浆活动强烈,岩体规模亦较大,矿区内主要有以后庙岭为中心的花岗岩体。该岩体的内部相为白岗质花岗岩,它的边缘相岩性复杂,以中细粒白岗质花岗岩为主,并见有花岗斑岩、花岗闪长岩及斜长花岗岩等。该岩体受后期断裂作用影响,在构造部位常形成片麻状花岗岩、花岗质碎裂岩、糜棱岩及千糜岩。该岩体与成矿关系密切。Rb-Sr等时线法确定后庙岭花岗岩的同位素年龄为(352.65±21.45)Ma,K-Ar法(钾长石)年龄为371~357Ma(冯守忠,2001)。

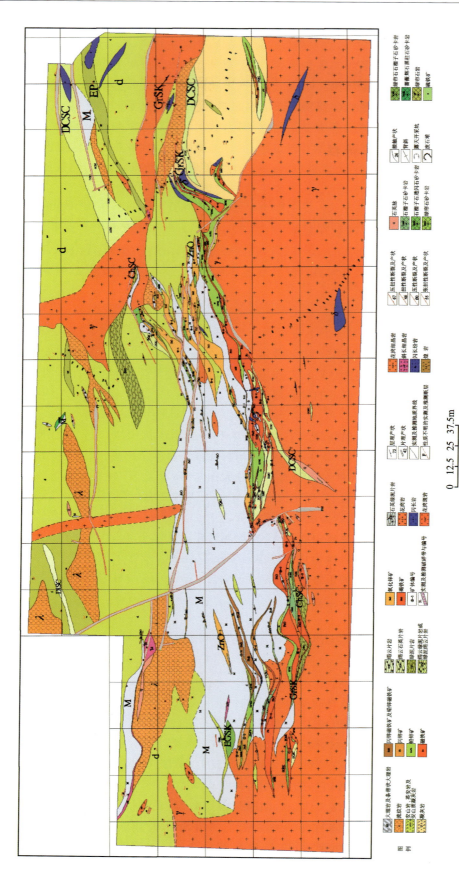

图4-2-1 放牛沟多金属硫铁矿床综合地质图

海西早期第三阶段主要为中性岩类，形成以桃山为中心的闪长岩及闪长玢岩岩体群，呈大小不等的岩株状侵入于第一、第二阶段岩体及早古生代地层中，在它与围岩接触部位，局部地段见有矽卡岩化及铜矿化。

(2)海西晚期侵入岩：岩体受纬向构造带控制，呈东西向展布。岩性为黑云母花岗岩、花岗闪长岩及石英二长岩等，均呈岩株状产出。

(3)燕山早期侵入岩：受北东东向断裂控制，岩体规模较大，岩性主要为花岗岩、黑云母花岗岩，代表性岩体为莫里青岩体、许家小店岩体、韩家沟岩体。许家小店花岗岩中的白云母同位素年龄为171Ma，韩家沟黑云母花岗岩中钾长石同位素年龄为155Ma。

区域上及矿区内脉岩主要有闪长岩、闪长玢岩、霏细岩、斜长细晶岩、花岗细晶岩、闪斜煌斑岩及云斜煌斑岩。

3)构造

区域内存在一系列走向近东西的复式褶皱和挤压破碎带，致使石缝组和桃山组地层强烈褶皱、逆冲，侵入其中的海西早期花岗岩体在部分地段生成同向挤压带。其次，与东西向构造相伴生的有北东向及北西向两组共轭扭裂。

(1)褶皱：区域上由石缝组和桃山组地层组成了3条主要褶皱。腰屯-发展公社倾伏向斜，桃山组为核部，轴向近东西，向东倾伏，两翼基本对称。五台子-孙家糖坊倾伏背斜，位于腰屯-发展公社倾伏向斜南侧，石缝组为核部，轴向近东西，向东倾伏，北翼陡、南翼缓，不对称背斜。洪喜堂-新立屯倾伏向斜，桃山组为核部，轴向近东西，向西倾伏，向东翘起的不对称向斜。

(2)断裂：东西向压性断裂，景家台-孙家台压性断裂带，长24km，宽500m，为成矿后断裂，倾向130°～165°，倾角50°～70°，局部产生压性兼具有扭性构造特征；放牛沟-后铁炉压性断裂带，长10km，宽大于500m，倾向16°～200°，倾角35°～70°，为成矿断裂，成矿后继续活动，海西早期花岗岩沿该断裂侵入，形成放牛沟以硫为主的磁铁、多金属矿床；天德合断裂，长6km，宽大于500m，倾向350°，倾角40°，为成矿断裂；洪喜堂-韩家沟断裂，长6km，宽100～1 000m，倾向170°～180°，倾角45°～85°，该断裂具有多期活动的特点，海西早期施家油坊超基性岩侵入体沿该断裂侵入。

北西向压扭性断裂，丘家窑-天德合断裂，长10km，宽2 000m；马蜂岭扭裂带，长2km；石灰窑-发展公社扭裂带，长11km。

北东向扭性断裂，区内不发育，仅发现半道子-孟家沟扭断裂，长4km，宽50m，倾向南东，倾角45°～50°，为成矿后断裂，海西早期闪长岩及奥陶纪地层均遭受其破坏。

2. 矿体三维空间分布特征

1)矿体的空间分布

从区域上看，后庙岭花岗岩体呈镰刀状岩枝超覆于早古生代奥陶纪地层之上，含矿带位于花岗岩岩枝向南突出的凹部，向两端延伸到花岗岩内，含矿带随即消失。从矿区看，含矿带位于花岗岩外接触带400m范围内，其中较大矿体则位于200m范围内，在内接触带亦有少量矿体分布，但规模较小，延深不大。

矿体严格受构造控制，主要赋存于近东西向压性破碎带中，其产状走向为70°～100°，倾向南，倾角35°～70°。矿体在含矿破碎带中成群分布，在平面、剖面上呈密集平行排列，尖灭再现，舒缓波状。在北北西向张性兼扭性断裂中，一般不存在矿体，只是在与近东西向构造交切部位，在接触带局部富集成矿。

在位于花岗岩接触带与大理岩之间的片理化、矽卡岩化安山岩中形成以充填交代为主的透镜状、似层状矿体，规模较大，形态复杂，矿体薄厚变化较大。在花岗岩、片理化流纹岩中的矿体，沿断裂分布，以充填为主，矿体形态简单，厚度较小，延长、延深不大。

2) 矿体特征

矿区内已控制含矿带长 1 700m,宽 150～400m,发现 9 个矿组、41 条矿体。规模较大,矿石类型较全的有 3 号矿组的 3-1 号、3-2 号矿体,9 号矿组的 9-4 号、9-6 号、9-7 号矿体,7 号矿组的 7-4 号、7-5 号矿体,2 号矿组的 2-1 号矿体。以上 8 个矿体的矿石量占矿区矿石总量的 73%,其中以 3-1 号、3-2 号矿体规模最大,占矿区矿石总量的 39%。

(1) 2-1 号矿体:矿体呈脉状、透镜状尖灭再现,赋存于矽卡岩及片岩中。控制矿体长 409m,斜深 134m,最大厚度 20.07m,平均厚 9.1m。走向近东西,倾向南,倾角 40°～60°。它的矿石类型主要为闪锌硫铁矿和硫铁矿矿石,占 90%;闪锌硫铁矿矿石平均含 S 15.9%、Zn 1.33%,硫铁矿矿石平均含 S 14.32%。其次是闪锌矿、磁铁矿和褐铁矿矿石,闪锌矿矿石平均含 Zn 2.21%,磁铁矿矿石平均含 TFe 26.36%。

(2) 3-1 号矿体:位于矿区中部,赋存于大理岩及其顶部的片理化、矽卡岩化安山岩。矿体在地表呈似层状、舒缓波状断续出露。控制矿体长 794.5m,垂深 327m,斜深 351.5m,最大厚度 35.41m,平均厚 7.76m,如图 4-2-2 所示。矿体走向 80°,倾向南,倾角 40°～80°。它的矿石类型主要为闪锌硫铁矿、硫铁矿和闪锌矿,占 82%;闪锌硫铁矿矿石平均含 S 13.56%、Zn 1.83%,硫铁矿矿石平均含 S 17.53%,闪锌矿石平均含 Zn 2.43%。其次为磁铁矿、铅锌矿、褐铁矿和氧化锌矿石,磁铁矿矿石平均含 TFe 34.85%,铅锌矿石平均含 Pb 0.75%、Zn 1.59%。

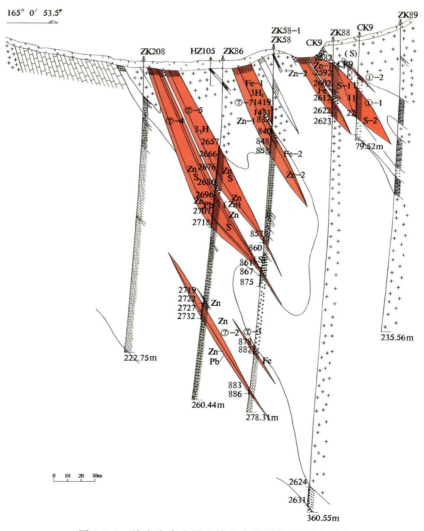

图 4-2-2 放牛沟多金属硫铁矿床第Ⅸ勘探线剖面图

(3)3-2 号矿体:位于 3-1 号矿体上部,有时两个矿体叠加,它的形态产状与 3-1 号矿体相同。矿体赋存于片理化、矽卡岩化安山岩中。控制矿体长 504m,垂深 316m,斜深 342m,最大厚度 37.41m,平均厚 8.27m。它的矿石类型主要为硫铁矿、闪锌硫铁矿及磁铁矿,占 92.4%;硫铁矿矿石平均含 S 19.45%,闪锌硫铁矿矿石平均含 S 13.57%、Zn 1.84%,磁铁矿石平均含 TFe 33.69%。其次为闪锌矿、铅锌矿、褐铁矿和氧化锌矿石,闪锌矿矿石平均含 Zn 2.21%,铅锌矿石平均含 Pb 0.27%、Zn 3.00%。

(4)7-4 号矿体:赋存于条带状大理岩及其顶部的片理化、矽卡岩安山岩中。矿体呈不规则透镜状产出,控制矿体长 376m,垂深 292m,斜深 334m,最大厚度 19.58m,平均厚 5.79m。矿体走向 80°,倾向南,倾角 45°~65°。它的矿石类型主要为铅锌矿、闪锌矿及闪锌硫铁矿,占 89%;铅锌矿矿石平均含 Pb 0.40%、Zn 3.45%,闪锌矿矿石平均含 Zn 3.64%,闪锌硫铁矿矿石平均含 S 15.29%、Zn 5.89%。其次为铅锌硫铁矿和硫铁矿矿石,铅锌硫铁矿矿石平均含 S 21.69%、Pb 2.79%、Zn 5.20%,硫铁矿矿石平均含 S 18.43%。

(5)7-5 号矿体:位于 7-4 号矿体上部,它的形态产状与 7-4 号矿体相同。矿体赋存于矽卡岩化大理岩中,局部由于构造破坏变化较大。控制矿体长 431m,垂深 233m,斜深 268m,最大厚度 19.68m,平均厚 4.37m。它的矿石类型主要为闪锌硫铁矿、闪锌矿及铅锌矿,占 82.5%;闪锌硫铁矿矿石平均含 S 10.60%、Zn 4.77%,闪锌矿矿石平均含 Zn 3.58%,铅锌矿矿石平均含 Pb 0.62%、Zn 2.60%。其次为铅锌硫铁矿矿石,平均含 S 18.27%、Pb 0.47%、Zn 3.80%。

(6)9-4 号矿体:位于矿区中段北部,赋存于大理岩及其顶部的片理化、矽卡岩化安山岩中。矿体呈不规则的脉状,延深较大,断续延至 3-1 号矿体下部。局部被断裂构造破坏,但影响不大。控制矿体长 659m,垂深 203.5m,最大厚度 9.12m,平均厚 3.80m。矿体走向北东东,倾向南,倾角 40°~70°。它的矿石类型主要为铅锌矿矿石,占 61%,平均含 Pb 1.01%、Zn 2.34%。其次为闪锌矿矿石,占 35%,平均含 Zn 1.87%。再次为闪锌硫铁矿矿石及氧化锌矿石,闪锌硫铁矿矿石平均含 S 6.79%、Zn 8.00%。

(7)9-6 号矿体:位于 9-5 号矿体上盘,形态产状与 9-4 号矿体相同。它主要呈似层状赋存于矽卡岩化大理岩中,局部被断裂构造破坏,但影响不大。控制矿体长 447.5m,垂深 269m,斜深 342m,最大厚度 24.32m,平均厚 4.99m。它的矿石类型主要为闪锌矿和铅锌矿,占 96%;闪锌矿矿石平均含 Zn 2.42%,铅锌矿矿石平均含 Pb 0.52%、Zn 2.43%。其次为闪锌硫铁矿、铅锌硫铁矿和氧化锌矿石,闪锌硫铁矿矿石平均含 S 18.41%、Zn 10.82%,铅锌硫铁矿矿石平均含 S 18.93%、Pb 0.48%、Zn 8.30%。

(8)9-7 号矿体:位于 9-6 矿体上盘,平行分布,它的形态产状与 9-6 号矿体相同,局部被断裂构造破坏,但影响不大,深部有盲矿体呈尖灭再现。控制矿体长 480.5m,垂深 358m,斜深 356m,最大厚度 30.17m,平均厚 5.43m。它的矿石类型主要为闪锌矿,占 70%,平均含 Zn 3.12%。其次为铅锌矿石,占 22.5%,平均含 Pb 1.00%、Zn 2.84%。再次为闪锌硫铁矿、铅锌硫铁矿和氧化锌矿石,闪锌硫铁矿矿石平均含 S 12.00%、Zn 5.87%,铅锌硫铁矿矿石平均含 S 13.28%、Pb 4.07%、Zn 7.21%。

3)矿体剥蚀程度

从矿床典型剖面研究,矿体的剥蚀深度在 100m 左右。矿床异常 PbZnAgBa/CuBi>$n \times 10^{-6}$、矿组异常 PbZnAgBa/CuBi>$n \times 10^{-6}$,剥蚀程度较浅。

3.矿床物质成分

(1)物质成分:矿床主要有用成分是硫、铁、铅锌。它们主要以闪锌硫铁矿、铅锌硫铁矿、闪锌矿、方铅矿、铅锌矿、磁铁矿、褐铁矿和氧化锌矿物形式存在。

矿床伴生的重要组分为 Cu、Bi 以及 Mo、Co、Mn、W 等;伴生的稀散元素主要有 Cd、In,以及 Ga、Ge、Se、Pd、Ti 等;另外还伴生有 Ag、Au。

(2)矿石类型:矿石类型以闪锌矿矿石、方铅矿-闪锌矿矿石、闪锌矿-硫铁矿矿石为主。

(3)矿物组合：矿石矿物以黄铁矿、磁铁矿、闪锌矿、方铅矿为主，磁黄铁矿、黄铜矿、辉铋矿、辉钼矿、白钨矿、毒砂、硬锰矿、软锰矿等少量出现。脉石矿物有石榴石、透辉石、透闪石、绿帘石、方解石、石英、绿泥石等。

(4)矿石结构构造：矿石结构主要有自形—半自形粒状、他形粒状、交代包含结构等，其次有乳浊状、斑状结构等。矿石构造以致密块状构造、条带状构造和浸染状构造为主，局部见有网络状、脉状、角砾状构造。

4. 蚀变类型及分带性

蚀变类型主要有青磐岩化、绿泥石化、绿帘石化、黝帘石化、硅化、绢云母化、萤石化、闪石化、黄铁矿化等，在岩体接触带附近石榴石-透辉石或透闪石矽卡岩及碳酸盐化发育，并伴有黄铁矿化，大理岩中的纹层状黄铁矿大多形成以绿泥石为主的蚀变。

5. 成矿阶段

矿床可以划分为3个成矿期、4个成矿阶段。

(1)矽卡岩化成矿期：可划分为早期矽卡岩化阶段，晚期矽卡岩化阶段。

早期矽卡岩化阶段：形成的矿物主要有石榴石、透辉石、硅灰石、钠长石，稍晚形成磁铁矿、白钨矿，主要形成钙铁-钙铝石榴石矽卡岩，局部形成透辉石石榴石矽卡岩及硅灰石、钠长石化等。该阶段是铁矿的主要成矿阶段。

晚期矽卡岩化阶段：黄铁矿亚阶段，形成的矿物主要有黑柱石、蔷薇辉石、绿帘石、黝帘石、斜方砷铁矿、黄铁矿，以及少量的绿泥石、石英、方解石。主要形成绿帘石绿泥石矽卡岩，蔷薇辉石黑柱石矽卡岩，稍晚形成黄铁矿，是黄铁矿的主要成矿阶段。硫化物亚阶段，形成的矿物主要有绿泥石、阳起石、透闪石、萤石、石英、方解石、黄铁矿、磁黄铁矿、闪锌矿、黄铜矿、辉铋矿、辉钼矿，以及少量的方铅矿、绿帘石、黝帘石。主要形成绿泥石、透闪石(阳起石)矽卡岩及多金属硫化物，伴随该阶段的热液蚀变有萤石化及含绿帘石的石英方解石脉等，该阶段为本区的主要成矿阶段。重叠矽卡岩化阶段，形成的矿物主要有石英、方解石、黄铁矿、方铅矿，以及少量的绿帘石、绿泥石、黄铜矿。主要形成脉状绿帘石、石榴石、绿泥石及含矿石英方解石脉。本阶段为典型热液蚀变阶段，形成第二期闪锌矿、方铅矿、黄铜矿，以及第三期黄铁矿脉，但规模均很小。

(2)低温热液期：形成无矿方解石及沸石脉。

(3)表生成矿期：即为氧化淋滤阶段，主要形成褐铁矿和氧化锌矿。

6. 成矿时代

Rb-Sr等时线法确定后庙岭花岗岩的同位素年龄为(352.65±21.45)Ma。K-Ar法(钾长石)年龄为371～357Ma。Rb-Sr等时线法确定的绢云母安山岩矿化蚀变年龄为(313.6±4.47)Ma，晚于花岗岩体的形成。放牛沟矿床矿石铅的模式年龄为306.4～290Ma。花岗岩和安山岩均有矿化并有工业矿体形成，这一模式年龄小于花岗岩的成岩年龄和蚀变年龄，与地质观察结果一致。成岩、蚀变、成矿在时间上相近，反映它们可能是在一个统一的岩浆-热液系统中形成的。

7. 地球化学特征

(1)岩石微量元素及岩石化学：在矿区放牛沟火山岩、桃山组地层中Zn、Pb等主要成矿元素的丰度个别地段接近地壳克拉克值以外，其他地层中的丰度值均小于地壳克拉克值，在区域地层中处于分散状态。在安山岩、流纹岩、大理岩等主要岩石类型中，Zn、Pb等元素的丰度均小于世界同类型岩石的平均质量分数，也均处于分散状态。由此可见，从地层岩石中元素丰度角度分析，本地区不存在富含主要成矿元素的矿源层或岩石类型。

据 107 个花岗岩的原生晕分析结果统计，Zn 为 86×10^{-6}，Pb 为 91×10^{-6}，Cu 为 50×10^{-6}，高于标准花岗岩克拉克值 1~4 倍，其他元素亦具有类似关系。据Ⅻ勘探线原生晕剖面对比，在矿体顶、底板及尖灭处的花岗岩中，成矿元素 Cu、Pb、Zn、Mo 等呈现明显的高质量分数，达 $(1\,000\sim2\,000)\times10^{-6}$。

海西期花岗岩属钙碱性系列或正常系列，对成矿有利。据Ⅺ线、Ⅹ线、Ⅴ线岩石化学剖面可以看出，矿体与围岩明显地从花岗岩中带入 Si、Fe、S，带出 Ca。

（2）稀土元素：各种矿石及花岗岩都具有向右倾斜、负斜率、富轻稀土的配分型式，如图 4-2-3 所示。值得说明的是，蚀变矿物萤石和绿帘石稀土元素的配分、特征参数值和分布模式，也和花岗岩的相似。无论从 Sm 与 Eu 的关系，还是从 (Nd + Gd + Er) 与 (Ce + Sm + Dy + Yb) 的关系，都可说明它们具有相似的组成特征。以上这些组分的相似性，反映了物质来源的一致性。

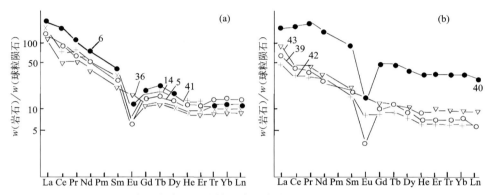

图 4-2-3　放牛沟多金属硫铁矿床花岗岩 (a) 及矿石 (b) 稀土元素
标准化曲线（据吉林矿产地质研究所，1992）
(a) 5、6. 花岗岩；14. 片理化花岗岩；36、41. 花岗斑岩；
(b) 39. 硫铁矿矿石；40. 磁铁矿矿石；43. 方铅矿矿石

（3）铅同位素：放牛沟矿床的矿石铅、花岗岩的全岩铅及花岗岩中钾长石铅，在铅同位素组成坐标图上呈线性分布（图 4-2-4）。这种特征进一步证实，矿床及形成原生晕的物质来源于花岗岩深部岩浆源。放牛沟矿床铅同位素组成 $^{206}Pb/^{204}Pb$ 为 17.38~18.32、$^{207}Pb/^{204}Pb$ 为 15.38~15.64、$^{207}Pb/^{204}Pb$ 比较低，为 15.38~15.60，反映物质来源比较深，接近上地幔。矿石铅的源区特征值（0.066~0.070）部分超出了正常铅的范围（0.063~0.067），反映矿石铅可能并非单一的深部来源。其他特征值 μ、ω、κ 等进一步说明矿石铅既有来自上地幔的或下地壳的，也有来自上地壳的（图 4-2-5）。

（4）硫同位素：放牛沟矿床硫化物的 $\delta^{34}S$(‰) 平均为值 +5.08(+0.3~+6.7)，分布范围窄，极差小，无负值，塔式效应明显。这些特征与花岗岩及矽卡岩内黄铁矿基本相同，而与矿体上、下盘大理岩中沉积成因黄铁矿明显不同。矿体上、下盘大理岩中沉积黄铁矿，$\delta^{34}S$(‰) 均为大负值（-29.6~-9.0），极差大，分布范围广。矿床共生硫化物的 $\delta^{34}S$ 值，黄铁矿>磁黄铁矿和闪锌矿>方铅矿，矿石硫化物硫同位素的分馏是在成矿溶液硫同位素处于平衡的条件下进行的。在此基础上得出成矿溶液总硫的硫同位素组成，平均为 +6.5‰（+6.1‰~+7.1‰）。对比拉伊与大本所提出的热液多金属矿床成矿溶液总硫同位素组成特征的三种类型，本矿床应属第 3 种类型（$\delta^{34}S$ = +5‰~+15‰）。成矿溶液中的硫应为深源硫与海相地层硫的混合硫源。根据其 $\delta^{34}S$ 值在第三种类型中偏小，接近第一种类型（$\delta^{34}S$ 值近于零），可以认为本矿床成矿成晕的硫主要来自深部岩浆，部分来自地层。

（5）氧同位素：根据花岗岩副矿物磁铁矿测试结果计算，$\delta^{18}O(H_2O)$ 为 +6.47‰（+5.14‰~+8.14‰）。岩浆阶段的水基本属于岩浆水（+5.5‰~+8.5‰）。磁铁矿测试结果计算的 $\delta^{18}O(H_2O)$ 为 6.27‰，但变化幅度较大（+2.1‰~+11.4‰），氧化物阶段的水可能以岩浆水为主，但也有大气降

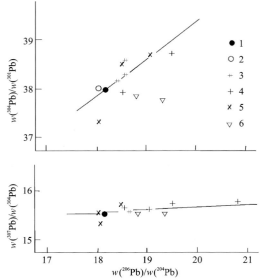

图 4-2-4 伊通县放牛沟多金属硫铁矿床矿
石铅与围岩铅的同位素组成图

1.矿床矿石铅(平均值);2.闪长玢岩斜长石铅;
5.安山岩全岩铅;6.大理岩全岩铅

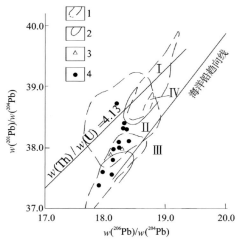

图 4-2-5 伊通县放牛沟多金属硫铁矿床
矿石铅来源(据冯守忠,1984)

1.现代 3 种海洋铅分布域;2.300Ma 时代校正后的海洋铅分布域;
3.外围矿床矿点的矿石铅;4.放牛沟矿床的矿石铅;Ⅰ.海洋化学沉
积锰结核铅;Ⅱ.太平洋西岸岛弧铅;Ⅲ.中央海岭拉斑玄武岩铅;
Ⅳ.现代

水的加入。$\delta^{18}O(H_2O)$ 为 3.51‰(+1.28‰~+5.4‰);晚期硫化物阶段至碳酸盐阶段,含矿溶液中加入的大气降水逐渐增多,随大气降水环流带入的壳源物质也逐渐增多。

放牛沟矿床成矿成晕物质主要来自上地幔或下地壳,但也有部分物质来自上地壳。

8. 物质来源

放牛沟多金属硫铁矿床的形成与该地区早古生代末期火山作用无明显关系,矿床的形成与海西早期后庙岭花岗岩体具有共同的物质来源;后庙岭花岗岩体的深部岩浆源,可能由以下地壳物质为主并有少量地壳物质参与的深部地壳同熔岩浆及部分火山-沉积岩系同化物质所形成;放牛沟多金属硫铁矿床成岩(后庙岭花岗岩)成矿物质主要来自下地壳,部分来自上地壳;矿床属岩浆热液成因类型。

9. 成矿的物理化学条件

(1)成矿温度:早期矽卡岩阶段大于 400℃(爆裂法,石榴石),晚期矽卡岩阶段 400～330℃(爆裂法,磁铁矿),早期硫化物阶段 330～280℃(爆裂法,闪锌矿、磁黄铁矿),晚期硫化物阶段 280～200℃(爆裂法,方铅矿、萤石)。

(2)成矿压力:$p=117.15$MPa,属中深—深成条件(相当于 4.68km)。

(3)成矿介质酸碱度:花岗岩(3 个样品)pH$=8.47～9.7$,属碱性;矿石(5 个样品)pH$=6.82～7.12$(平均 7.0),属弱酸性—弱碱性。

(4)成矿溶液组分:早期硫化物阶段富 Na^-、Ca 的 $F^--Cl^--SO_4^{2-}$ 水溶液;晚期硫化物阶段富 Ca 的 $Cl-SO_4^{2-}$ 水溶液与花岗岩具有相似组分特征和共同物质来源。

10. 控矿因素及找矿标志

(1)控矿因素:岩浆活动控矿作用,区内岩浆活动对成矿的控制作用具体表现为海西早期同熔型后庙岭花岗岩与上奥陶统放牛沟火山-沉积岩系接触带及其外侧 200m 范围内,以花岗岩为中心,矿床及其原生晕在空间上、时间上、物质组分上分带性十分明显,具有共同的物质来源。断裂构造对成矿的控制作用,近东西向放牛沟-前庙岭斜冲断裂带既是控矿构造,亦是控岩构造,矿体及原生晕异常分布于该断裂两侧次级层间构造破碎带、裂隙带;断裂系统的多次活动,使深部上升的不同阶段、不同组分的含矿溶液形成矿床分带和矿石类型的叠加。从早到晚,具有由中高温向中低温演变的特点;岩性的控矿作用,在易交代的含钙质、杂质较多的大理岩特别是条带大理岩、片理化安山岩及安山质凝灰岩中,在热液的作用下易产生矽卡岩化,形成以充填交代作用为主的矿体,矿体规模较大。在化学性质较惰性的流纹岩及花岗岩等岩石中的矿体以充填作用为主,矿体规模较小。地层控矿,已知矿体的主矿体均赋存于大理岩及其顶底部的安山岩中,因此矿体除受构造和花岗岩接触带及岩性控制外,层位亦起一定控矿作用。

(2)找矿标志:海西早期花岗岩体与早古生代火山-沉积岩系的接触带是成矿的有利空间;区域上的青磐岩化、绿泥石化、绿帘石化、黝帘石化、硅化、绢云母化、萤石化、闪石化、黄铁矿化等,是区域上的找矿标志;在岩体接触带附近石榴石-透辉石或透闪石矽卡岩及碳酸盐化发育,并伴有黄铁矿化,大理岩中的纹层状黄铁矿大多形成以绿泥石化为主的蚀变,是矿体的直接找矿标志;Pb、Zn、Cu、Ag 等元素的正异常与 Cr、Sr 等元素的负异常的套合产出区域,是矿床的重要地球化学找矿标志。

11. 矿床形成及就位机制

放牛沟多金属硫铁矿床是以后庙岭花岗岩浆活动带来成矿物质为主,在岩浆上侵的同时同化早古生代火山-沉积岩系物质所形成。

岩浆活动和同化早古生代火山-沉积岩系带来成矿物质,在含矿热液的作用下,在构造应力薄弱、易交代的含钙质、杂质较多的大理岩特别是条带大理岩、片理化安山岩及安山质凝灰岩中形成矽卡岩,同时成矿物质发生沉淀,形成充填交代矿体。

(二)桦甸市西台子硫铁矿床特征

1. 地质构造环境及成矿条件

西台子硫铁矿床位于东北叠加造山-裂谷系（Ⅰ），小兴安岭-张广才岭叠加岩浆弧（Ⅱ），张广才岭-哈达岭火山-盆地区（Ⅲ），南楼山-辽源火山-盆地群（Ⅳ），辉发河断裂以北地槽区。

1)地层

区内出露的地层主要为下二叠统范家屯组和渐新统桦甸组，零星出露有侏罗系小岭组，如图4-2-6所示。

(1)下二叠统范家屯组：主要为浅变质中酸性火山岩-碳酸盐岩-碎屑岩建造。厚约4 650m，中部上为黑灰色薄层状片岩、千枚岩夹灰白色变质砂岩，下为安山玢岩、流纹斑岩及少量凝灰岩；下部为灰白色大理岩、变质砂岩及薄层状板岩。岩石受不同变质作用影响，具糜棱岩化、碳酸盐化，局部绿泥石化、绿帘石化、硅化及火山玻璃重结晶。

(2)古近系渐新统桦甸组：属沼泽湖泊相碎屑岩沉积建造，主要由灰白色、灰色、灰绿色含砾粗砂岩，中细粒砂岩，细砂岩，粉砂质泥岩夹油页岩及褐煤组成，含有工业价值的煤、油页岩和硫铁矿。岩性可分为3段：上部含煤段以沼泽相沉积为主，为砂岩、页岩互层夹煤层；中部油页岩段为湖泊相沉积，为页岩、砂岩、黏土岩互层夹油页岩；下部含硫铁矿段为河流-湖泊相沉积，为砂砾岩、砂岩、页岩、碳质页岩和黏土岩互层，夹薄层石膏和硫铁矿，该段进一步划分为5个岩性段，①砂砾岩段，由砂岩-砂砾岩-砂岩和黏土两个沉积旋回组成，层位比较稳定，但厚度和岩性变化很大；②含硫铁矿岩段，为灰色—灰绿色黏土夹硫铁矿层，在矿体下盘0.5～3m处有一层厚5～20cm的褐煤，局部夹有2～3层厚0.6～4.8m棕红色黏土及透镜状中粗砂岩；③棕红色黏土段，为棕红—紫灰色黏土，上部夹杂色黏土、砂岩，下部夹有数层石膏薄层，石膏层厚0.1～2cm；④灰黑色黏土段，由灰色黏土、砂岩、灰黑色黏土组成；⑤灰色黏土夹砂岩段，由灰色黏土夹5～8层粉砂岩及2～3层棕色黏土组成。

2)侵入岩

区内岩浆活动频繁，形成的侵入体均呈大小不等的岩株状产出，除少量的燕山期花岗岩外，主要为海西期花岗岩。

(1)海西期花岗岩。岩石呈肉红色—灰黑色，中粗粒结构。内部相以斜长花岗岩、花岗闪长岩及似斑状黑云母花岗岩组成，边缘相由于受同化混染作用，岩性复杂，通常为花岗斑岩、角闪花岗岩或细粒黑云母花岗岩及闪长岩。

(2)燕山期花岗岩。岩石以灰白色为主，主要为中粒黑云母花岗岩、白岗质花岗岩，边部分布有细粒花岗岩及花岗闪长岩。

矿区内脉岩不发育，主要见有钠长斑岩和辉绿玢岩。岩石内次生石英细脉分布广泛。岩石具高岭土化，局部有硅化、黄铁矿化及绢云母化。

3)构造

区域内构造以褶皱构造为主，伴随着断裂构造。

(1)褶皱：矿区位于桦甸地堑向斜西北边缘，为区域桦甸-辉南地堑向斜东北边缘北翼一部分，呈北东-南西向延伸。矿区内主要为周家屯-仁义屯轴部走向北西、倾向南东的倾没向斜构造，两翼出露地层均属古近系桦甸组，在褶皱的底部不整合覆盖在二叠系范家屯组地层之上。褶皱西翼至榆树屯长约4.5km，走向南东，于高家沟转为南西，倾向北东至南东，倾角10°～40°；东翼至杨家屯长约4km，走向南东，倾向南西，倾角15°～35°。

(2)断裂：区域上辉发河断裂带呈北东-南西向分布，断裂带的西北侧为海西期花岗闪长岩及二叠纪

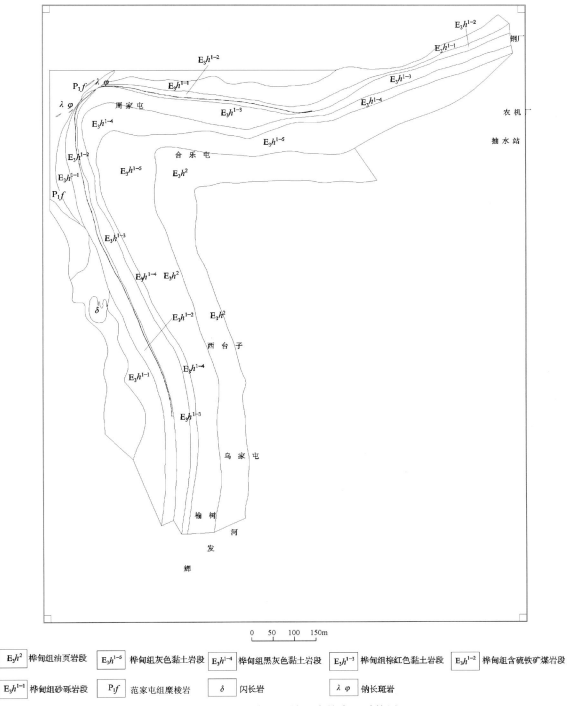

图 4-2-6 桦甸西台子硫铁矿床综合地质简图

地层,东南侧主要为侏罗纪地层。两侧岩石因受断裂活动影响,破碎、变质强烈,并伴生褶曲及断裂。矿区位于辉发河断裂带的北西侧,受辉发河断裂带活动影响,次级断裂构造较发育,主要有合乐屯断层和杨树屯断层。合乐屯断层长900m,走向80°,断层面倾向南东,倾角30°~50°,该断层使棕红色黏土岩段与含硫铁矿岩段下部的灰色黏土直接接触,造成矿体及其部分上盘或下盘灰色黏土缺失,为正断层。杨树屯断层长1700m,走向60°~80°,断层面呈波状弯曲,倾向南东,倾角30°~40°,该断层使棕红色黏土岩段与凝灰岩接触,造成含硫铁矿岩段和砂砾岩段缺失,为正断层。

2. 矿体三维空间分布特征

1）矿体的空间分布

矿区位于北东-南西向桦甸地堑向斜西北边缘。矿体严格受周家屯-仁义屯长约 4.5km 倾没向斜构造控制，矿体赋存在褶皱构造两翼的古近系桦甸组下部含硫铁矿岩段，规模较大，在含矿层内呈层状连续分布，矿体主要赋存在 50～300m 标高范围内。

2）矿体特征

矿体产于桦甸组下部含硫铁矿岩段。矿体长 5km 左右，呈层状，厚度数十厘米至 1m，沿倾向延深 173～650m。矿体走向 338°～98°，倾角一般均缓，两侧较陡，上段倾角 20°～45°，下段 15°～30°，中部平缓，为 5°～15°。矿体分布较为规律，连续稳定，但在局部变化较大，有尖灭再现现象，矿体下部及两侧均是逐渐相变至褐煤或碳质页岩。矿石由黄铁矿、白铁矿与褐煤及碳质岩等组成，有结核状及散染状两种类型，结核状矿石含硫 35% 以上，散染状矿石含硫 5%。

3）矿体剥蚀程度

从矿床典型剖面研究，剥蚀程度较浅，矿体的剥蚀深度在 100m 左右。

3. 矿床物质成分

(1) 物质成分：矿床主要有用成分是硫、铁。它们主要以黄铁矿、白铁矿形式存在。黄铁矿与白铁矿呈同心圆状，且相间成层，这是胶体沉淀的特征，并且是同时沉淀的。矿床伴生的稀散元素主要有 Be、B、P、Ga、Ge 等。

(2) 矿石类型：矿石类型以硫铁矿石为主。

(3) 矿物组合：矿石矿物以黄铁矿、白铁矿为主，脉石矿物有煤、褐煤、绿帘石、方解石、石英、绿泥石、碳质页岩等。

(4) 矿石结构构造：矿石结构主要有胶状结构、偏胶状结构、花岗变晶结构，以偏胶状结构最主要，胶状结构及花岗变晶结构较少见。矿石构造主要为结核状构造，常见有罂粟状、冰雹状、豌豆状、胡桃状、饼状和盾板状，次为浸染状构造。

4. 蚀变类型

该矿床主要蚀变类型有硅化、绿泥石化、绿帘石化、绢云母化、高岭土化、黄铁矿化等。

5. 成矿时代

矿体赋存在古近系桦甸组下部含硫铁矿岩段，矿体连续分布，严格受地层层位控制，反映其成矿与成岩是在一个沉积环境中形成的，在时间上一致。因此，成矿时代应为燕山晚期。

6. 控矿因素及找矿标志

(1) 控矿因素：地层与岩相条件对矿床生成非常重要，而水的深度有利于陆生植物生长，水体的阔度又允许大量碎屑物的堆积，并且有着强烈的还原作用环境，说明沉积环境对矿床形成来说具有重大意义。在上述的沉积环境下，当盆地发展到晚期，下降作用不剧烈和稳定水体存在较久，导致矿体有着生长和广泛发育的条件。

(2) 找矿标志：区域上沿深大断裂发育的中生代地堑盆地是成矿的有利空间，新生代湖泊相沉积的含煤岩系是主要的找矿标志。

7. 矿床形成及就位机制

西台子硫铁矿床是在还原介质中生成的，尤其盆地煤层中含有很多的有机质，易促成硫酸盐的还原作用。由于动植物腐败聚积了大量的硫化铁凝胶，然后逐渐堆积成结核状的黄铁矿与白铁矿，它们往往在原生成岩作用的同时阶段中生成，所见到结核在构造上特点是不切穿层理，层理在近结核处随结核的形状而弯曲。矿石的组成成分、结构构造、围岩特征及围岩内化石种类，表明矿床是在沉积分异作用变化较大，且强烈还原环境下封闭或半封闭的水盆地内堆积形成的，矿床为产于煤系页岩或黏土中的沉积硫铁矿床。

（三）永吉县头道沟硫铁矿床特征

1. 地质构造环境及成矿条件

头道沟硫铁矿床位于东北叠加造山-裂谷系（Ⅰ），小兴安岭-张广才岭叠加岩浆弧（Ⅱ），张广才岭-哈达岭火山-盆地区（Ⅲ），南楼山-辽源火山-盆地群（Ⅳ）。

1）地层

区域内出露的地层主要为下古生界呼兰（岩）群头道岩组变质岩系，晚古生界下二叠统范家屯组浅变质中酸性火山岩-碳酸盐岩-碎屑岩建造和中生界中上侏罗统火山岩系。矿区内出露的地层主要为下古生界呼兰（岩）群头道岩组变质岩系，是区内主要的赋矿层位，如图4-2-7所示。

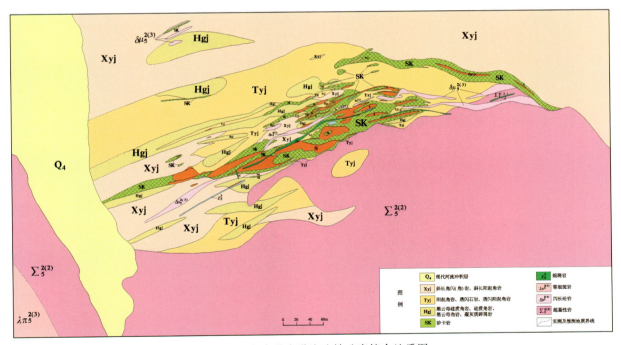

图 4-2-7 永吉县头道沟硫铁矿床综合地质图

下古生界呼兰（岩）群头道岩组：出露于三家子—头道沟、白石砬子—杨木顶子一带，呈北东向分布的两个条带，划分为3个岩段。

（1）上段板岩段：仅在头道沟-三家子向斜轴部出露，它的岩性由砂质板岩、千枚状板岩、碳质板岩组成，底部夹条带状大理岩或结晶灰岩透镜体，厚215m。

（2）中段斜长角闪岩段：出露于头道沟-三家子向斜两翼及三道沟附近，厚775m，是矿区主要的赋矿层位。上部以角闪片岩为主,夹阳起片岩、绿泥阳起片岩、石英绿泥片岩,底部有斜长角闪岩及变质砂岩薄层,由于遭受区域变质和接触变质的双重作用,原来岩石改变了面貌,为一套变质岩石,岩石类型主要有斜长角闪(角)岩类,包括斜长角闪岩、斜长阳起角闪岩、黑云斜长阳起角闪岩、黑云角闪斜长角闪岩等;透闪-阳起角岩类,包括透闪角岩、阳起角岩、透闪-阳起角岩、透辉角岩、透闪透辉角岩、黑云阳起角岩等;黑云母硅质角岩类,包括黑云母硅质角岩、黑云母角岩、透闪硅质角岩、透辉硅质角岩、阳起硅质角岩、透闪阳起硅质角岩、硅质角岩等。中部以变质砂岩为主,夹砂质板岩、泥质板岩及角岩。下部为斜长角闪岩夹变质砂岩薄层。

(3)下段粒岩段:出露于头道沟-三家子向斜北翼,鸦鹊沟南山北西一带,出露面积不大,它的底部被花岗岩吞蚀,厚425m。上部以浅粒岩为主,夹有斜长角闪岩;中部以灰绿色变粒岩为主,夹斜长角闪岩及绢云母阳起石岩、石英片岩;下部为灰白色细粒浅粒岩。

2)侵入岩

区内岩浆活动频繁,相继有超基性岩浆活动,大规模酸性花岗岩浆侵入,主要为燕山晚期。花岗岩浆期后热液作用极为普遍,造成了有利的热液成矿条件。

(1)超基性岩:超基性岩体的分布明显受口前-小城子断裂的次一级北东走向断裂控制,岩体多呈北东向带状或长条状分布。岩体较多,但规模不大,最大者为黑头山Ⅰ号岩体,面积3.6km²,一般0.03~0.05km²。岩石类型较为简单,黑头山Ⅰ号超基性岩体岩石基性程度较高,为纯橄-辉橄岩相,其余岩体均为辉橄岩相。岩体蚀变很强,一般全蛇纹石化为蛇纹岩,岩体边部与围岩接触处有透闪石化、滑石化、阳起石化等。矿区南面出露的为Ⅰ号超基性岩体的侧枝,呈北东东向延伸,矿区内ZK62钻孔内超基性岩中见有铬铁矿。

(2)花岗岩:在矿区内没有出露,主要大面积分布于矿区的东南部和西北部,岩体大致呈北东向延伸,它的岩性以中—细粒黑云母花岗岩为主,在接触带上,由于岩浆对围岩的同化混染作用,派生出闪长岩、正长岩、花岗闪长岩、斜长花岗岩等边缘相。花岗岩侵入于呼兰(岩)群头道岩组、中上侏罗统和超基性岩体,所以花岗岩的时代晚于超基性岩。

(3)脉岩:区内岩浆期后的各种脉岩较为发育,分布基本与北东向、北西向两组次一级断裂一致,侵入了不同时代的地层、超基性岩体及花岗岩体,主要有闪长岩、闪长玢岩、花岗斑岩、霏细斑岩、闪斜煌斑岩等。

闪长玢岩:分布于矿区中部,侵入于呼兰(岩)群头道岩组斜长角闪岩段。由于遭受后期破坏和交代,沿走向、倾向呈断续分布,产状大体与地层产状一致,走向北东70°~80°,倾向南东,倾角65°~70°。岩石遭受不同程度的矽卡岩化和矿化(主要为磁黄铁矿化)作用,岩脉边界不清楚,形态不规则,脉体也不连续,为成矿前脉岩。

霏细斑岩:分布于矿区西南边部,侵入于Ⅰ号超基性岩体中,走向北西,属酸性脉岩。

煌斑岩:分布于矿区中部,多数为闪斜煌斑岩,岩石具弱阳起石化、黑云母化、透闪石化及绿帘石化等蚀变。煌斑岩脉切穿矿区所有地层、矽卡岩及矿体,为矿区最晚期的岩脉。

3)构造

由于受多期构造运动活动影响,区内褶皱、断裂构造发育。

(1)褶皱构造:褶皱构造主要有头道沟-三家子向斜,向斜走向北东60°~70°,两翼倾角较陡,北翼倾角60°~70°,南翼倾角50°~60°,轴面略向北西倾斜。向斜由头道岩组地层组成,北翼出露地层为头道岩组下部粒岩段及中部斜长角闪岩段,南翼由于遭受超基性岩和花岗岩吞蚀残留一些斜长角闪岩段地层。矿床位于头道沟-三家子向斜的北翼西段,由头道岩组斜长角闪岩段上部地层组成一单斜构造,走向北东70°~80°,倾向南东,倾角一般60°~75°。

(2)断裂构造:区域性断裂主要为口前-小城子断裂,走向北东40°,在它的两侧次一级北东、北西向断裂发育。矿区内断裂可分为成矿前和成矿期断裂及成矿后断裂。成矿前和成矿期断裂与区域构造线方向大体一致,为层间断裂,走向一般为北东60°,个别呈北东45°或70°,倾角60°~75°,此组断裂较发育,并具有继承性活动,断裂性质属压扭性断裂,成矿前有闪长玢岩脉充填,之后有超基性岩、中酸性脉岩侵入,沿此构造薄弱带有矽卡岩交代及矿液充填,形成矽卡岩带及矿体,此组断裂为矿区主要的控矿及容矿构造。成矿后断裂不发育,与区域断裂及地层走向相交,属张性断裂,大体可分为3组:成矿前和成矿期断裂继承性活动断裂,充填了煌斑岩脉;垂直地层和矿体走向的北西向断裂,它倾向北东,倾角75°~85°;与地层走向斜交的走向北北东向断裂,此组断裂虽然切穿矿体,但断距小,破坏性不大。

2. 矿体三维空间分布特征

1) 矿体的空间分布

区域上矿床产于口前-小城子断裂的次一级北东走向断裂内,矿床位于刘家屯燕山期闪长岩体北西700m处矽卡岩带内。从矿区看,黑头山Ⅰ号超基性岩体呈岩枝超覆于下古生界呼兰(岩)群头道岩组之上,含矿带位于超基性岩枝向北的突出部位;含矿带位于超基性岩外触带200m范围内,其中较大矿体则位于100m范围内。矿床由8条矿体组成,各矿体基本互相平行排列,在垂直方向上大致呈斜列式排列;矿床东西延长600m,宽50~100m,控制深度280~400m,矿体形态大致呈似脉状、扁豆状和透镜状,在纵向上,上部矿体形态复杂,分支多,品位较低;而下部矿体,矿体形态相对较完整,夹石少,品位较高;在横向上,矿床西段矿体形态简单,夹石少,品位较高;而东段矿体形态较复杂,分支多,品位较低。

2) 矿体特征

头道沟硫铁矿床由8条矿体组成(其中编号2、3、4、7、8为隐伏矿体),矿体特征见表4-2-1。各矿体基本互相平行排列,在垂直方向上大致呈斜列式排列;矿体走向呈北东70°,东部(X线东)转为北东80°,倾向南东,倾角60°~75°,东部倾角稍缓些。单个矿体长50~480m,厚3~14m,平均厚7.76m,控制深度280~400m(平均300m)。矿体形态大致呈似脉状、扁豆状和透镜状,而局部形态很复杂,矿体及围岩的接触边界线,有的呈渐变过渡,有的较规正平直,有的呈港湾状和不规则状;矿体在纵向和横向上,均有膨胀、缩小、分支、复合现象,所以矿体的厚度变化很大,从几十厘米到20多米,最厚达50.50m,矿体品位不均匀,S质量分数一般12%~22%,最高37.36%;Cu质量分数最高0.54%。在走向上,西部品位较高,向东逐渐降低,在倾向上,自上而下有由贫变富的趋势,矿体厚度大,品位相应高,厚度小,品位也相应低。

表 4-2-1 硫铁矿体特征表

矿体号	矿体规模/m			矿体产状/(°)			平均品位/%		矿体形态	矿石自然类型
	长度	厚度变化范围	厚度平均	延深	走向	倾向	倾角	S	Cu		
1	460	2.5~26	8.06	210	70~80	南东	50~70	17.42	0.15	似脉状	中等浸染状
2	450	3~41	12.91	280(盲矿)	70~90	南东-南	55~70	21.22	0.23	扁豆状	稠密浸染状
3	300	1~28	12.36	260(盲矿)	70	南东	50~70	20.43	0.18	扁豆状	稠密浸染状
4	150	8.65~10.4	9.47	70(盲矿)	70	南东	70	16.57	0.17	扁豆状	中等浸染状
5	200	3~7	4.44	370	60	南东	60	15.44	0.15	似脉状	稀疏浸染状
6	200	1~12	2.44	270	70	南东	70	14.13	0.10	似脉状	稀疏浸染状
7	50	4.71	4.71	30(盲矿)	70	南东	60	19.32	0.15	透镜状	中等浸染状
8	150	2.68~2.80	2.74	47(盲矿)	70	南东	60	17.53	0.18	透镜状	中等浸染状

矿床除硫铁矿外，在硫铁矿体边部或矿体之间还共生有磁铁矿和辉钼矿，并形成了单独的工业矿体，其中有25个辉钼矿体、18个磁铁矿体和14个磁铁辉钼矿体。这些矿体形态很复杂，多数呈小扁豆状、透镜状和囊状，少数呈似脉状和不规则状，零星分散产出于矽卡岩带中。辉钼矿体中Mo最高质量分数0.92%，磁铁矿体中TFe最高质量分数62.55%，磁铁辉钼矿体中Fe最高质量分数51.05%，Mo最高质量分数0.52%。

3. 矿床物质成分

（1）物质成分：矿床主要有用成分是硫、铁、钼、铜。它们主要以磁黄铁矿、黄铁矿、黄铜矿、磁铁矿、辉钼矿、褐铁矿等矿物形式存在。

矿床伴生的重要组分为铜，以及钼、钴、锰、钨等，伴生的微量元素主要有铅、锌、镍、锡、锆、锗、铋等，另外还伴生有银、金。

（2）矿石类型：矿石按其矿物成分和共生组合关系，可划分为4种自然类型，①含铜磁黄铁矿矿石（主要矿石类型）；②辉钼矿矿石；③磁铁矿矿石；④混合矿石（即磁黄铁辉钼矿矿石、磁黄铁磁铁矿矿石和磁铁辉钼矿矿石）。

（3）矿物组合：矿石矿物以磁黄铁矿、黄铁矿、黄铜矿、磁铁矿、辉钼矿为主，还有少量毒砂、钛铁矿、辉铜矿、锐铁矿、黑钨矿、白钨矿、闪锌矿、胶黄矿、硫钴矿、自然铅、自然铜和自然金等。脉石矿物有石英、绿帘石、角闪石（阳起石）、透辉石、绿泥石和少量的石榴石、黑云母、方解石、斜长石等。

（4）矿石结构构造：矿石结构主要有自形一半自形粒状、他形粒状结构，其次为包含结构、共边结构等。矿石构造主要为浸染状构造，包括稀疏浸染状构造、中等浸染状构造、稠密浸染状构造，其次为致密块状构造，少见有条带状、细脉状、蠕虫状和斑点状构造等。

4. 蚀变类型及分带性

类型主要有矽卡岩化、硅化、碳酸盐化、黄铁矿化，其次有绿泥石化、绿帘石化、黝帘石化、绢云母化、闪石化。在岩体接触带附近，石榴石-透辉石或绿帘石-角闪石矽卡岩及碳酸盐化发育，并伴有黄铁矿化。矽卡岩类型属钙质矽卡岩，主要矿物为石榴石、透辉石、绿帘石、普通角闪石、阳起石等；矽卡岩岩石类型有透辉矽卡岩、透辉石榴矽卡岩、石榴透辉矽卡岩、绿帘角闪矽卡岩、角闪绿帘矽卡岩、角闪矽卡岩，前三种是后三种交代残留体，分布在矽卡岩带的边缘和个别地段。

5. 成矿阶段

根据矿物的生成顺序，矿床可以划分为5个成矿阶段。

（1）早期矽卡岩化阶段：形成的矿物主要有石榴石、透辉石、石英，部分磁铁矿、毒砂、钛铁矿、白钨矿、黄铜矿等，形成早期硅酸盐，主要形成透辉矽卡岩、透辉石榴矽卡岩、石榴透辉矽卡岩钙铁-钙铝石榴石矽卡岩。

（2）晚期矽卡岩化阶段：形成的矿物主要有绿帘石、普通角闪石、阳起石、石英，部分辉钼矿、磁铁矿、毒砂、钛铁矿、白钨矿、磁黄铁矿、黄铜矿等，形成含水硅酸盐，主要形成绿帘角闪矽卡岩、角闪绿帘矽卡岩、角闪矽卡岩。

（3）氧化物阶段：形成的矿物主要有绿帘石、普通角闪石、阳起石、石英，大量磁铁矿、辉钼矿及部分毒砂、钛铁矿、白钨矿、磁黄铁矿、黄铜矿、黄铁矿等。

（4）石英硫化物阶段：形成少部分的绿帘石、普通角闪石、阳起石，大量的石英、磁黄铁矿、黄铜矿、黄铁矿及少量的辉钼矿、毒砂、钛铁矿、闪锌矿等，该阶段为本区的主要成矿阶段。

（5）石英碳酸盐阶段：主要生成含黄铁矿的石英、方解石脉和细脉状磁黄铁矿，是黄铁矿的主要成矿阶段，形成的矿物主要有石英、方解石、黄铁矿、闪锌矿，以及少量磁黄铁矿、黄铜矿。

6. 成矿时代

矿区内的超基性岩、闪长玢岩、霏细斑岩、煌斑岩等均不是成矿母岩，矽卡岩带虽然分布于头道岩组与超基性岩接触带，但成矿母岩不是超基性岩。一是矽卡岩穿插了超基性岩，时代晚于超基性岩，二不是镁质矽卡岩，矽卡岩的类型和矿物组合与超基性岩不同；脉岩、闪长玢岩、霏细斑岩的时代比矽卡岩早，而且规模小，也不是成矿母岩。头道沟硫铁矿床的形成与矿区南东700m刘家屯燕山期花岗岩-花岗闪长岩-闪长岩系列杂岩体和下古生界呼兰（岩）群头道岩组接触交代及顺层交代有关。矽卡岩化受继承性的北东向层间破碎带的控制，矿体均产在矽卡岩带中，燕山期花岗岩，特别是它的边缘相闪长岩为成矿母岩。矿床的成矿时代为燕山期。

7. 控矿因素及找矿标志

（1）控矿因素：岩浆活动控矿作用，区内岩浆活动对成矿的控制作用具体表现为燕山晚期花岗岩与下古生界呼兰（岩）群头道岩组接触带及其外侧700m范围内；矿区北东2km三家子矽卡岩带，是闪长岩与头道岩组直接接触交代而形成的，南东700m刘家屯西山矽卡岩也是闪长岩与头道岩组直接接触而形成的。断裂构造对成矿的控制作用，区域性口前-小城子断裂是主要的控矿构造，矽卡岩带及矿体分布于该断裂两侧次级北东向层间构造破碎带、裂隙带，断裂系统的多次活动，使深部上升的不同阶段、不同组分的含矿溶液沿构造薄弱带有矽卡岩交代及矿液充填，形成矽卡岩带及矿体，此组断裂为矿区主要的控矿及容矿构造。地层的控矿作用，已知矿体的主矿体均赋存于头道岩组中段斜长角闪岩段，成矿围岩是经过区域变质和角岩化的泥质岩石（黑云母硅质角岩）、火山碎屑岩（变质的凝灰质砂岩）及中基性火山岩类（斜长角闪岩、斜长阳起角岩、阳起角岩等），在热液的作用下易产生矽卡岩化，形成以充填交代作用为主的矿体。因此矿体除受构造及花岗岩接触带控制外，层位及岩性亦起一定控矿作用。

（2）找矿标志：燕山晚期花岗岩体与下古生界呼兰（岩）群头道岩组的接触带是成矿的有利空间；区域上的矽卡岩化、硅化、碳酸盐化、黄铁矿化及绿泥石化、绿帘石化、黝帘石化、绢云母化、闪石化等是区域上的找矿标志；在岩体接触带附近石榴石-透辉石或绿帘石-角闪石矽卡岩及碳酸盐化发育，并伴有黄铁矿化，是矿体的直接找矿标志；Pb、Zn、Cu、Ag等元素的套合异常是矿床的重要找矿地球化学标志；显著的磁异常、激电异常是矿床的重要找矿地球物理标志。

8. 矿床形成及就位机制

头道沟硫铁矿床，是以燕山晚期花岗岩浆活动带来成矿物质为主，在岩浆上侵的同时交代下古生界呼兰（岩）群头道岩组变质岩系所形成。

岩浆活动和交代下古生界呼兰（岩）群头道岩组变质岩系带来成矿物质，在含矿热液的作用下，在构造应力薄弱、易交代的经过区域变质和角岩化的泥质岩石（黑云母硅质角岩）、火山碎屑岩（变质的凝灰质砂岩）及中基性火山岩（斜长角闪岩、斜长阳起角岩、阳起角岩等）中形成矽卡岩，同时成矿物质发生沉淀，形成充填交代矿体。

（四）临江市荒沟山硫铁矿床特征

1. 地质构造环境及成矿条件

荒沟山硫铁矿床位于前南华纪华北东部陆块（Ⅱ），胶辽吉古元古代裂谷带（Ⅲ），老岭坳陷盆地内，荒沟山"S"形断裂带中部。

1) 地层

区域内出露的地层自老至新有太古宙地体、古元古界老岭(岩)群、中元古界震旦系及不整合在上述地层之上的中生界(图4-2-8)。古元古界老岭(岩)群珍珠门岩组为区域内金铅锌硫铁矿的主要赋矿层位。

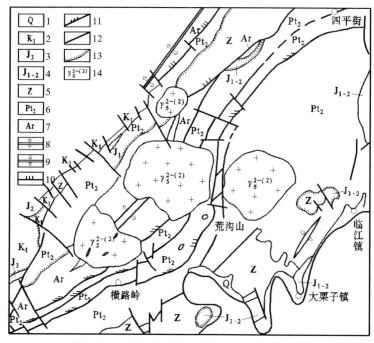

图4-2-8 临江市荒沟山硫铁矿床区域地质图

1.第四系；2.下白垩统；3.上侏罗统；4.下侏罗统；5.震旦系；6.古元古界老岭(岩)群；7.太古界；8.背形；9.向形；10.逆断层；11.韧性剪切断层；12.性质不明断层；13.不整合；14.燕山期花岗岩

矿床内出露的地层为古元古界老岭(岩)群珍珠门岩组白云石大理岩夹透镜体或薄层的片岩。大理岩主要为白云石大理岩、条带状大理岩、滑石大理岩、眼球状大理岩、透闪石大理岩、方柱石大理岩、燧石大理岩及角砾状大理岩，片岩为角闪片岩和绿泥片岩两种，如图4-2-9所示。

它可分为三层：第一层为条带状大理岩夹中层及眼球状大理岩；第二层为主要含矿层，又分为3个亚层，即中层白云石大理岩夹薄层白云石大理岩(中央矿带赋存于此层中)、滑石大理岩夹中层白云石大理岩、薄层条带状大理岩夹滑石大理岩及透闪石大理岩；第三层为厚层块状白云石大理岩。本组白云石大理岩为主要的含矿围岩，黄铁矿、闪锌矿、方铅矿体等矿脉均沿白云石大理岩的层间构造或层面充填。

2) 侵入岩

区域内燕山早期侵入岩体有老秃顶子、梨树沟和草山3个岩体，岩性均为似斑状黑云母花岗岩。脉岩有闪长玢岩、辉绿岩、粗面斑岩脉、闪斜煌斑岩及石英斑岩脉等，多呈岩墙或岩脉状侵入，多形成于成矿后，并切穿矿体。

矿床内侵入岩均呈岩脉出露，按其组分及结构构造可分为两大类：闪长-辉长岩类岩脉和粗面斑岩脉。

(1)闪长-辉长岩类岩脉：属中性—基性岩脉，主要成分为基性斜长石、辉石、角闪石，少量黑云母。由于生成条件不同而表现出不同的结构和矿物相的变异，分为微晶闪长岩、闪斜煌斑岩、闪长岩、闪长玢岩、辉长玢岩、辉绿岩。本类岩脉出露甚广，且多集中于矿床西南部，呈北东30°～45°方向分布，倾向北西，沿倾向有波状起伏、分支复合现象，出露规模，一般长100～200m，宽5～10m，大者长可达600m，宽60m。

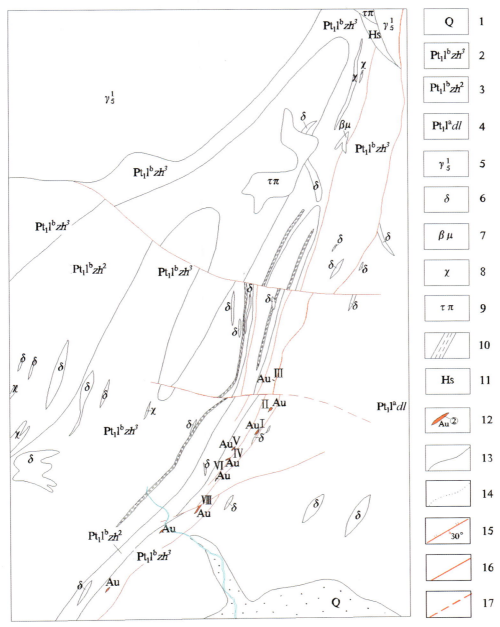

图 4-2-9　白山市荒沟山硫铁矿床矿区地质图

1.砂、砾、黏土等；2.块状白云石大理岩、局部硅化夹少碳质条带白云岩大理岩；3.透闪条带白云石大理岩夹碳质条带白云石大理岩；4.二云片岩、绿泥片岩，局部夹薄层白云石大理岩；5.似斑状黑云母花岗岩；6.闪长岩、闪长玢岩；7.辉绿岩；8.煌斑岩；9.粗面岩；10.韧性剪切带；11.角岩；12.金矿体；13.实测地质界线；14.推测地质界线；15.实测逆断层；16.性质不明断层；17.推测断层

(2) 粗面斑岩脉：仅见于矿床北部，呈北东 45°～60°方向分布，倾向北西，倾角 40°左右，它的出露规模较大，沿走向延长至 400m 以上，宽可达 60m。

3) 构造

区域内断裂构造较为发育，早期为北北东走向，属压扭性层间断裂，具有多期继承性活动特点，控制了岩浆及热液的活动，为区域内主要控矿构造；晚期为南北走向，分布及规模次于北北东向断裂，主要见于主矿带两侧。

矿床内构造类型以断裂构造为主，整个断裂系统成为岩浆及热液的活动空间，控制了岩体的形态及规模。断裂系统可分为3组：北东-南西向断裂、近东西向断裂及近南北向断裂。

(1)北东-南西向断裂：在矿床内广泛发育，为平行区域主构造的一组次级断裂，是热液硫化物的主要活动空间及停积场所，为主要的控矿和容矿构造，矿床内主要矿体即沿此组断裂分布。此组断裂根据其倾向的不同分为两类，一类为走向北东5°～35°，倾向南东-北西不定，倾角50°～90°，断裂规模沿走向一般长100m，长者可达400m，最大宽度5m，常为热液硫化物充填；另一类为走向北东30°～45°，倾向北西，倾角平缓0°～30°，为剪切裂隙，主要为各类岩脉所充填，并与前者在倾向上近于直角相交。

(2)近东西向断裂：它的发育程度次于北东向断裂，但规模较大，主要为晚期岩脉所充填，对早期岩脉或矿体有时可见穿插及错动现象，但位移一般不大，常为1～2m，大者可达20m。

(3)近南北向断裂：它的分布及规模均次于前两组，主要分布于主矿带东、西两侧，为矿体及岩脉充填。

矿床内构造除上述断裂构造外，个别地段之地层或矿体沿走向或倾向尚有不同程度的褶曲或倒转现象，与断裂构造相比尚属次要。

2. 矿体三维空间分布特征

1)矿体的空间分布

荒沟山硫铁矿床内已发现矿体60条，其中黄铁矿体49条、闪锌矿体9条、方铅矿体2条。所有矿体除个别呈盲矿体赋存外，其余均出露于地表并遭受不同程度的氧化而成铁帽，一般20m以下为原生矿石。矿床内主要矿体组成了一个北东-南西向的中央矿带，长1500m左右，各矿体或矿脉之间在平面上和剖面上均呈雁行式排列，具有尖灭侧现或尖灭再现特点，矿体为变化不大的脉状矿体，黄铁矿体为稍大的透镜体，而方铅矿体则常为不规则的囊状，矿体规模一般不大，综合矿体的倾斜延深一般大于走向长度。以16号勘探线为界，北部多铅锌矿体，南部稍多黄铁矿体。

2)矿体特征

矿体除少数呈南北向分布外，一般多为北东向出露，矿床东部及18号勘探线以南矿体均倾向北西，而在18号勘探线以北则倾向南东，矿体倾角普遍较陡，为50°～90°，一般为70°以上。矿体多呈变化不大的脉状，黄铁矿体为稍大的透镜体，铅锌矿体则常为不规则的囊状，个别矿体在倾向上由于受成矿前控制构造的影响而存在扭曲现象。矿体长120～360m，宽0.1～5m，黄铁矿体一般长度在50m左右，宽0.2～3m，铅锌矿体大小不一。主要矿体特征如下。

(1)Py 11号矿体：位于矿床东部8～20号线间，矿体长330m，宽0.27～1.16m，走向北北东0°～4°，倾向北端为南东，南端为北西，倾角70°。铁帽呈枣红色、土状、蜂窝状及巨型的"V"形多孔状构造。氧化带矿物有褐铁矿、针铁矿及少量方解石、玉髓等。铁帽品位：Pb 0.03%、Zn 0.03%～0.06%。深部经钻孔及坑道控制，ZK36孔见矿体真厚度1.16m，为条带状黄铁矿石，含S 15.30%、Zn 0.14%，其余钻孔及坑道内见铁帽，目前已知矿体氧化带深达80m。

(2)Py 18号矿体：矿体位于中央矿带南部A线西22～34号线间，走向北东15°～35°，倾向北西，倾角77°左右，矿体长250m，铁帽宽0.33～1.60m。深部经钻孔及坑道控制，矿体延深较为稳定，厚0.33～2.5m。矿体在28号线以南为综合矿石，含Zn最高为42.26%，28号线以北为黄铁矿石，含S 25.22%～42.01%。

(3)Py 27号矿体：矿体位于中央矿带的最南部A线东44～48号线间，走向北东20°，倾向北西，倾角81°。深部经坑道控制，矿体长65m，平均厚1.09m，为致密块状黄铁矿石，平均品位：S 26.02%、Zn 0.83%。

(4)Zn 6号矿体：位于中央矿带的北部A线以西4～11号线间，走向北东20°～26°，倾向南东，倾角50°～65°，局部达80°，矿体长365m，地表铁帽宽0.1～5m。经钻探控制深部矿体真厚度0.32～1m，控制深度近300m，矿体依然存在。地表铁帽呈棕黄色至枣红色，具"V"形多孔状构造，氧化矿物以菱锌矿、褐铁矿为主,次为异极矿、铁菱锌矿、白铅矿、黄钾铁矾;原生矿以闪锌矿为主,次为黄铁矿、方铅矿,原生矿石为致密块状综合矿石,品位高,平均含 Pb 2.18%、Zn 12.8%。

(5)Zn 7 号矿体:位于矿床西部 2~3 号线间,走向北北东 5°,倾向南东,倾角 75°。矿体长 130m,铁帽宽 0.4m,呈橘红色,"V"形多孔状构造。氧化矿物为菱锌矿、褐铁矿等,铁帽品位:Pb 0.82%、Zn 19.44%;深部原生矿体真厚度 0.12m,为致密块状综合矿石,含 Zn 30.21%。

(6)Zn 12 号矿体:位于中央矿带中部 A 线以西 4~8 号线间,走向北东 10°,倾向南东,倾角 70°。矿体长 97m,铁帽宽 0.45~3.7m,18m 以下为原生矿石,厚 0.5~1.2m,矿体倾角缓处厚度小,而倾角陡处厚度增大,目前控制深度达 300m,矿体真厚度 0.98m。矿体为致密块状综合矿石及黄铁矿石,品位高,含 Zn 0.69%~30.74%、Pb 1.0%~1.54%、S 28.01%~31.28%。

(7)Zn 13 号矿体:位于中央矿带南部 10~16 号线间。矿体长 140m,铁帽宽 0.4~4.0m,走向北东 32°,倾向南东,倾角 80°。铁帽呈橘黄色至枣红色,多孔状、土状、晶簇状及胶状等构造,氧化矿物以褐铁矿为主,次为黄钾铁矾、菱锌矿、针铁矿及玉髓等,铁帽品位:Pb 0.31%~0.90%、Zn 0.45%~10.28%。深部坑道控制矿体长 145m 左右,矿体厚 0.1~4.0m,矿石为致密块状综合矿石,品位高,含 Zn 26.12%、Pb 0.37%、S 32.19%,并含达到工业品位要求的分散元素 Cd,品位在 0.01%~0.11%,平均为 0.08%。

(8)Zn 14 号矿体:位于中央矿带中部 A 线以西 4~8 号线间,走向北东 27°,倾向南东,倾角 75°。矿体长 105m,铁帽宽 0.4~1.0m,呈黄褐色、紫红色,巨型"V"形多孔状、蜂窝状、胶状及土状等构造,氧化矿物有褐铁矿、针铁矿、玉髓等。铁帽品位:Pb 0.0%~4.03%、Zn 2.0%~3.59%。深部经 ZK42 孔控制,在延深 97m 处矿体真厚度为 0.96m,为致密块状综合矿石,含 Zn 14.02%、Pb 0.78%、S 31.41%。

3. 矿床物质成分

(1)物质成分:矿石的主要化学成分为 S、Zn、Pb,其次有少量 Cu、微量 Ag 及分散元素 Cd 等,此外尚含微量有害元素 As、F,见表 4-2-2 和表 4-2-3。在综合矿石中含 Cd 0.01%~0.11%,它的质量分数较为稳定,此外经光谱分析尚含微量 Ag、Ga、Mo、Ni、V、Gd、Cs 等分散元素和稀有元素。不同类型矿体的主要元素质量分数均较稳定,一般均为 Zn、S 质量分数甚高,Pb 及其他有害元素质量分数较少或低微,Cd 与闪锌矿有关,随 Zn 的质量分数多少而增减。

(2)矿石类型:有氧化矿石和硫化矿石(黄铁矿石、综合矿石、方铅矿石)。

(3)矿物组合:主要有黄铁矿、闪锌矿和方铅矿,此外尚有极少量的磁铁矿、磁黄铁矿、黄铜矿和黝铜矿。脉石矿物数量很少,有石英、白云石和方解石,见表 4-2-4。

地表氧化带次生矿物种类较多,包括白铅矿、铅矾、菱锌矿、异极矿、褐铁矿、赤铁矿、针铁矿、黄钾铁矾及硫镉矿等。

(4)矿石结构构造:矿石结构有自形、半自形粒状结构,压碎结构,溶蚀交代结构,骸晶结构,溶蚀结构,网格状结构。矿石构造有块状构造、条带状构造、角砾状构造、浸染状构造等。

表 4-2-2 黄铁矿矿石(S 10 号矿体)主要化学成分质量分数表

元素	最高/%	最低/%	平均/%
S	38.16	24.55	31.76
Zn	12.41	0.01	0.29
Pb	0.16	0.00	0.028
As	0.26	0.008	0.085
F	0.032	0.018	0.026

表 4-2-3　综合矿石(Zn 13 号矿体)主要化学成分质量分数表

元素	最高/%	最低/%	平均/%
S	40.53	4.70	26.115
Zn	47.45	7.19	32.19
Pb	2.31	0.00	0.37
As	0.148	0.00	0.063
F	0.038	0.008	0.020 5
Cd	0.11	0.01	0.08

表 4-2-4　荒沟山硫铁矿床矿物组分及共生组合表

矿石类型	矿石矿物		脉石矿物	
	主要	次要	主要	次要
黄铁矿矿石	黄铁矿	闪锌矿、方铅矿	石英	方解石、白云石
综合矿矿石	闪锌矿、黄铁矿	方铅矿、黄铜矿、磁黄铁矿	白云石	石英、方解石
方铅矿矿石	方铅矿	闪锌矿、黄铜矿、黄铁矿	石英	方解石、白云石

4. 蚀变类型及分带性

围岩蚀变主要有滑石化、硅化、透闪石化、白云石化、蛇纹石化、黄铁矿化，其次有绿泥石化、绿帘石化、碳酸盐化、钠长石化、绢云母化等；其中以黄铁矿化、硅化、滑石化及透闪石化与成矿的关系比较密切，一般出现在近矿体几米以内的大理岩中。黄铁矿化强弱与距矿体的远近有关，黄铁矿化强烈处常为矿体尖灭处或含矿裂隙的紧闭处的围岩中，以及在薄层大理岩或部分片岩中亦较强烈，而硅化更为闪锌矿体的围岩中常见；此外当透闪石化与黄铁矿化相伴出现时亦为寻找黄铁矿体的重要标志。

5. 成矿阶段

矿化具多期世代特点。根据矿石的结构构造及矿物共生组合，确定出如下的矿化阶段，石英-碳酸盐-黄铁矿阶段，多金属硫化物阶段，浸染状方铅矿阶段，闪锌矿阶段，方铅矿阶段，成矿后期碳酸盐阶段，次生氧化物阶段。

6. 成矿时代

珍珠门岩组中 Pb 同位素资料表明，矿石铅属于古老的正常铅，具有较高的$^{238}U/^{204}Pb(\mu$ 值)，显然矿石铅属于壳源，铅的模式年龄为 1 800Ma 左右，它刚好与老岭(岩)群珍珠门岩组的放射年龄(1 800.5～1 700Ma)相吻合。

7. 地球化学特征

(1)硫同位素：根据荒沟山铅锌矿床中产于不同类型岩石和矿石中的各种硫化物进行了硫同位素测定，显示 $\delta^{34}S$ 值代为 2.6‰～18.9‰，多大于 10‰，均为较大的正值，表明富集重硫。δ^{34} 值总的变化范围为＋10‰～＋18.9‰。

(2)碳、氧同位素：根据荒沟山铅锌矿床中矿物和岩石样品的氧碳同位素分析(陈尔臻等，2001)，它的同位素 $\delta^{18}O$ 值为＋20.2‰～＋21.2‰，矿脉中的热液白云石的 $\delta^{18}O$ 值为＋16.4‰，白云石大理岩

$\delta^{13}C$值有两个样品为+1.3‰左右,另两个样品为-9.1‰左右,而热液白云石为+1.2‰。据 Veizer 和 Hoefs 统计,前寒武纪沉积碳酸盐$\delta^{18}O$(SNow)在+14‰~+24‰区间,海相沉积碳酸盐$\delta^{13}C$值为零左右,平均$\delta^{13}C$为+0.56‰±1.55‰,深源火成岩体中含氧矿物的$\delta^{18}O$值变化范围大部分介于+6‰~+10‰之间,深源的碳酸盐岩$\delta^{13}C$在-8.0‰~-2.0‰之间。金丕兴等(1992)的研究结果与此结果相近。由此看来,本矿床的围岩白云石大理岩和矿脉中的白云石的$\delta^{18}O$值与正常海相沉积的一般值吻合,其$\delta^{13}C$值也与海相沉积的相吻合,而完全不同于火成岩,两个大理岩的$\delta^{13}C$为较大的负值,明显富集轻碳。

(3)铅同位素:荒沟山铅锌矿体内方铅矿样品的铅同位素测定表明(陈尔臻,2001),方铅矿的铅同位素组成非常均一,$^{206}Pb/^{204}Pb$ 为 15.390~15.608,$^{207}Pb/^{204}Pb$ 为 15.203~15.321,$^{208}Pb/^{204}Pb$ 为 34.721~34.961,$^{208}Pb/^{207}Pb$ 为 0.012~1.022,φ 值为 0.7833~0.8070。它的模式年龄为 1890~1800Ma,根据 1800Ma 的模式年龄,求得矿物形成体系的 $^{238}U/^{204}Pb$(μ 值)为 9.38,$^{232}Th/^{204}Pb$(μk 值)为 35.03,进而求得 Th/U 值为 3.71,与金丕兴等(1992)研究结果基本一致,表明矿石铅是沉积期加入的。

4)微量元素地球化学特征

矿床围岩大理岩中 Pb 的平均质量分数为 88×10^{-6},Zn 的平均质量分数为 730×10^{-6},与涂里干和魏德波尔(1961)的世界碳酸盐岩中 Pb、Zn 平均质量分数相比,分别是后者的 9.7 倍和 36.5 倍,表明大理岩中 Pb、Zn 的丰度比较高。矿石中除主要成矿元素 S、Zn、Pb 外,有意义的伴生元素有 Ag、Sb、As、Cd 等。

S、Pb、Zn 是本矿床的主要成矿元素,它们的品位变化较大,黄铁矿矿石中平均品位:S 26.03%、Pb 0.03%、Zn 0.23%;综合矿石中平均品位:S 23.64%、Pb 1.58%、Zn 15.69%。Zn/Pb 值能为矿床成因的研究提供较重要的信息,不同成因类型矿床的 Zn/Pb 值不同,岩浆期后热液型矿床 Zn/Pb 值往往小于 2,而沉积改造型层控矿床 Zn/Pb 值往往大于 2。本矿床两种矿石类型 Zn/Pb 值为 7.7 和 9.9,与沉积改造型层控矿床 Zn/Pb 值相一致。

8.成矿物理化学条件

(1)成矿温度:根据荒沟山铅锌矿床闪锌矿和黄铁矿的爆裂温度(表 4-2-5),成矿温度在 147~291℃ 之间,多数为 200~300℃,早期细粒闪锌矿成矿温度平均为 291℃,晚期粗粒闪锌矿成矿温度平均为 199℃。

根据细粒闪锌矿与六方磁黄铁矿平衡共生探针分析资料(表 4-2-6),细粒闪锌矿成矿温度为 306~325℃。方铅矿与闪锌矿矿物对硫同位素达平衡时计算的成矿温度平均为 280℃。

从上述成矿温度来看,早期(细粒闪锌矿)成矿温度上限在 300℃ 左右,晚期(粗粒闪锌矿)成矿温度上限在 230℃。

表 4-2-5 荒沟山铅锌矿体矿物包裹体爆裂温度结果表

样品名称	分析样数/个	产状及部位	爆裂温度/℃	资料来源	备注
黄铁矿	5	浸染状、细脉状产于薄层条带大理岩	241	吉林省冶金地质勘探公司研究所	1983
黄铁矿	5	块状黄铁矿体产于大理岩破碎带	245	吉林省冶金地质勘探公司研究所	1983
黄铁矿	6	黄铁矿、方铅矿呈星散状分布于细粒闪锌矿体中	253	吉林省冶金地质勘探公司研究所	1983
闪锌矿	7		291	吉林省冶金地质勘探公司研究所	1983
闪锌矿	3	纯闪锌矿体产于矿体破碎带中	227	吉林省冶金地质勘探公司研究所	1983

续表 4-2-5

样品名称	分析样数/个	产状及部位	爆裂温度/℃	资料来源	备注
闪锌矿	1	角砾状、斑杂状综合矿石中的中粗粒块状闪锌矿矿石(12号)	230	天津冶金集团天材科技有限公司（原天津冶金研究所）	0中段
闪锌矿	2		196	天津冶金集团天材科技有限公司（原天津冶金研究所）	1中段
闪锌矿	1		147	天津冶金集团天材科技有限公司（原天津冶金研究所）	2中段
闪锌矿	2		187	天津冶金集团天材科技有限公司（原天津冶金研究所）	3中段
闪锌矿	3		17	天津冶金集团天材科技有限公司（原天津冶金研究所）	4中段

(2)包裹体特征。由表 4-2-7 看出,成矿溶液以水为主,占 80% 以上,说明成矿介质是热水溶液。从表 4-2-7 得出阳离子比值 K^+/Na^+ 为 0.11～0.58, Ca^{2+}/Na^+ 为 0.16～2.60, Mg^{2+}/Ca^{2+} 为 0.09～1.21;阴离子 F^-/Cl^- 为 0.02～0.27,根据液相成分可划分为 3 种流体类型:低盐度富 Mg^{2+} 流体(容矿围岩)、低盐度富 Ca^{2+} 流体(闪锌矿)、低盐度富 K^+ 流体(矿体中石英)。从 $Cl^->F^-$、$Na^+>K^+$、$Ca^{2+}>Mg^{2+}$,阴离子>阳离子等说明成矿物质可能呈络离子的形式迁移。不同期矿物包裹体成分基本相似,无急剧变化,说明成矿溶液是一次进入储矿构造中而分期沉积的。

成矿流体的 pH 值为 6.5～7.0, $lgf_{S_2}=-9.6$, $lgf_{D_2}=-24.1$, f_{CO_2} 上限为 1.2(偏高)(荒沟山铅锌矿带隐伏矿床预测,1988)。

成矿溶液的气体成分主要为 H_2O 和 CO_2,并含少量有机质 CH_4(甲烷)。它的成分与成岩过程中形成的燧石包裹体中的成分基本相同,而且 CO_2/H_2O 值、K^+/Na^+ 值和 pH 值也基本相同,说明成矿的热液来自围岩。溶液的 PH 值接近中性或稍偏酸性。根据氧同位素组成与温度的分馏关系,计算出成矿水的 $\delta^{18}O$ 值为 +1.0‰～+4.3‰(200℃时)和 +2.1‰～+6.6‰(250℃时),表明成矿水不属于岩浆水(岩浆水的 $\delta^{18}O$ 值为 +7.0‰～+9.5‰)。

根据矿床主要受层间断裂控制及矿物包裹体爆裂温度、硫同位素地质温度、矿物包裹体气热成分、矿体内含氧矿物的氧同位素组成和热晕-蒸发晕资料等确定成矿溶液为变质热液。矿床是属于矿源层经变质热液再造而成的后生层控矿床。

9. 物质来源

珍珠门岩组中层—薄层白云石大理岩是区内硫铁矿床产出的主要层位,层控性明显,具有后期改造的特点,它的原始富集层位是半封闭还原环境,大理岩中赋存大量的硫铁矿(层位、条带状及韵律特征等)和互层产出的闪锌矿等,证明矿床产于一个原始沉积的富集层内。铅锌含量普遍较高,铅高出地壳平均含量 1 倍以上,锌含量高出 4.69 倍,局部地段含量更高,可见某些地区中赋存着丰富的成矿物质。

矿石铅同位素组成属于均一的单阶段古老正常铅,平均 μ 值为 9.09,非常接近地壳的 μ 值($\mu=9.0$),地层的沉积变质年龄与矿床中铅的模式年龄相当,都是 18Ga 左右,证明矿石中铅与地层是同埋藏形成的。富含以分散状态存在的 Zn、Pb 等亲 Cu 元素的珍珠门岩组乃是直接提供后生成矿作用中的成矿物质的矿源层。它们的最初物源大部分可能是来自当时海洋周围的剥蚀古陆,少部分可能由海底火山喷发活动提供。

表 4-2-6 六方磁黄铁矿-闪锌矿电子探针分析表

编号	矿物	Ni	Cu	Au	S	Fe	Ag	Pb	Cd	As	Co	Zn	Ln	Ge
86G$_3$-1	磁黄铁矿	0	0	0	39.11	59.84	0	0	0	0.01	0.05	0.04	0	0
86G$_3$-2	磁黄铁矿	0.01	0.01	0	40.10	59.28	0	0	0.02	0	0.03	0.13	0	0
86G$_3$-1	细粒闪锌矿	0	0.01	0	32.22	8.59	0	0	0.14	0	0.01	57.50	100	50
86G$_3$-2	细粒闪锌矿	0.02	0.05	0.01	31.62	8.43	0	0	0.08	0	0.04	59.09	105	40

表 4-2-7 荒沟山铅锌矿包体成分表

编号	样品名称	K$^+$	Na$^+$	Ca^{2+}	Mg^{2+}	F$^-$	Cl$^-$	SO$_4^{2-}$	H$_2$O	CO$_2$	pH	盐度(NaCl+KCl)	备注
307-3-1	石英	8 301	14 203	2 372	1 186	1 739	24 902		869 599	77 078	6.5	4.24	mg/10g
86197	细粒闪锌矿	1.20	9.90	6.30	1.80	1.23	33.12	9.27					×10^{-6}
86217	粗粒闪锌矿	1.33	4.00	76.00	28.00	3.67	13.27	5.88					×10^{-6}
880200	细粒方铅矿	1.20	7.50	20.40	1.98	0.75	7.17	32.55					×10^{-6}
880199	粗粒方铅矿	3.50	31.00	86.00	8.50	10.60	48.60	237.60					×10^{-6}

注:据吉林冶金地研所;86197-880199—荒沟山铅锌矿带隐伏矿床预测报告。

黄铁矿是一种不含铀的矿物,它的同位素组成可以代表成岩阶段形成环境的普通铅,也就是代表了成岩时的初始铅的同位素组成。地层中属于沉积成因的黄铁矿的铅的同位素比值与矿石中方铅矿和闪锌矿的比值很相似这一事实,就暗示了地层中的铅和矿石中的铅之间可能有着亲缘关系。矿床中的黄铁矿大部分也具有相似的铅同位素组成,但有一部分黄铁矿和1件闪锌矿属异常铅,显然是铅锌矿成矿后另一期成矿作用的产物,这期成矿可能就是区内金的成矿时期。

矿体中硫化物 $\delta^{34}S$ 与地层中的黄铁矿和闪锌矿的 $\delta^{34}S$ 值相似,在 $+7.5‰ \sim +18.9‰$ 之间,表明初始硫来源于同时代地层硫。这些初始硫被海水中的生物和有机质所吸附,地层中生物(细菌)不断还原硫酸盐,是产生富集重硫的主要原因。在后生成矿过程中这种硫被活化出来,迁移至断裂破碎带中再次与 Fe、Zn、Pb 等结合并沉淀形成矿体。故矿体中的硫直接来源于地层,最初硫源是海水中的硫酸盐。

10. 控矿因素及找矿标志

1)控矿因素

(1)地层和岩性的控制作用。区域内的铅锌矿、铜矿、黄铁矿等硫化物型矿床(点)及原生矿化类型不明的硫化物铁帽,绝大多数赋存在古元古界老岭(岩)群珍珠门岩组大理岩中,矿化具有明显的层位性。

荒沟山硫铁矿床及其他铅锌矿床(点)主要赋存在中层—薄层—微层硅质及碳质条带状或含燧石结核的白云石大理岩夹滑石大理岩及透闪石大理岩中。

岩相古地理环境和生物的控制作用,根据荒沟山铅锌矿床的硫同位素 $\delta^{34}S$ 均为较大的正值,表明硫化物中的硫属于生物成因硫,且反映其是在一个封闭或半封闭的浅海湾或潟湖相中硫酸盐补给不足的条件下形成的。薄层—微层条带状白云石大理岩与中—厚层白云石大理岩成互层状并夹有泥质碎屑岩变质而成的片岩,反映矿床所处部位位于后礁相的古地理环境。

部分大理岩的碳同位素组成即 $\delta^{13}C$ 负值较高,大理岩和燧石中普遍含有机碳及燧石的包体气液成分中含有甲烷,说明当时的海水中有大量的生物存在。Pb、Zn 丰度是地壳克拉克值的数倍以至十几倍,生物起到了重要的作用。此外,在后生成矿过程中,特别是薄层—微层硅质或碳质条带状白云石大理岩中含有丰富的有机碳,能促进含矿溶液中的成矿物质再次沉淀形成矿体。

(2)构造控制作用。本矿床是典型受压扭性层间破碎带控制的后生矿床。黄铁矿脉是在岩层发生褶皱时沿大理岩或片岩的层理或挠曲部位发生的张性层间剥离构造充填而成,之后又发生层间的挤压运动,黄铁矿脉被破碎,铅锌矿化叠加在黄铁矿脉之上。总体看来,无论是在矿区范围内还是在区域上,凡是产在薄层—微层硅质或碳质条带状白云石大理岩层中的黄铁矿脉或它的某一地段发生继承性的层间挤压破碎活动时,就有可能形成铅锌矿体;反之,可能性会很小。例如在荒沟山的 18 号矿体,它的北段黄铁矿脉被强裂破碎而构成有工业价值的铅锌矿体,而南段由于破碎程度低则仍为黄铁矿体,Pb、Zn 未达工业品位,无工业意义。

构造的控矿作用还表现在,由压扭性作用造成的围岩次级张性层间剥离和挠曲的地段,矿体厚度大,往往成为硫铁矿、铅锌富矿体所在部位。

2)找矿标志

(1)珍珠门岩组大理岩富含 Zn、Pb、Cu、Fe 及 Ag、Sb、Hg、Cd 等亲 S 元素,区域上应注意寻找与变质热液成因有关的各种金属硫化物矿床。

(2)珍珠门岩组中的薄层—微层硅质或碳质条带状或含燧石结核的白云石大理岩是形成和寻找硫铁矿、铅锌等硫化物矿床的最有利岩层。

(3)压扭性层间破碎带或临近地段是硫铁矿化、铅锌矿化的有利场所,可利用氧化带铁帽中的 Zn、Pb、As、Cd、Sb、Hg 等元素含量判断原生硫化物矿体类型。

(4)化探 Pb、Zn、As、Sb、Cd、Hg 异常的存在。

(5)物探高阻高激化异常分布区域。

二、典型矿床成矿要素特征

(一)海相火山岩型

以海西早期花岗岩浆活动提供能量(热源)及部分成矿物质,与早古生代火山-沉积建造有关的海相火山岩型硫铁矿,代表性的矿床为伊通县放牛沟多金属硫铁矿床。

放牛沟多金属硫铁矿成矿要素图以1∶2 000矿区综合地质图为底图,突出标明和矿床时空定位有关的成矿要素,主要反映矿床成矿地质作用、矿区构造、成矿特征等内容,特别是地层柱状图、矿床典型剖面图能够直观地反映地层厚度、矿体深度,更加充分地发挥了成矿要素的作用,包括成矿地质体图层、成矿构造图层、矿体图层、蚀变带图层等。对成矿要素按必要的、重要的、次要的进行分类,表明放牛沟多金属硫铁矿的各种成矿要素,详见伊通县放牛沟多金属硫铁矿床成矿要素表4-2-8。

表4-2-8　伊通县放牛沟多金属硫铁矿床成矿要素表

成矿要素		内容描述	成矿要素类别
特征描述		海相火山岩型	
地质环境	岩石类型	大理岩、片理化安山岩、片理化流纹岩,海西早期花岗岩	必要
	成矿时代	成矿年龄为306.4~290Ma,为海西期	必要
	成矿环境	大黑山条垒南段东缘依兰-伊通断裂带为主要的导岩(矿)构造,矿体位于海西早期花岗岩体与早古生代火山-沉积岩系的接触带	必要
	构造背景	位于天山-兴蒙-吉黑造山带(Ⅰ),小兴安岭-张广才岭弧盆系(Ⅱ),小顶子-张广才-黄松裂陷槽(Ⅲ),大顶子-石头口门上叠裂陷盆地(Ⅳ)内,四平-德惠断裂带和伊通-伊兰断裂带之间,大黑山隆起带的中心部位	重要
矿床特征	矿物组合	矿石矿物以黄铁矿、磁铁矿、闪锌矿、方铅矿为主,磁黄铁矿、黄铜矿、辉铋矿、辉钼矿、白钨矿、毒砂、硬锰矿、软锰矿等少量出现; 脉石矿物有石榴石、透辉石、透闪石、绿帘石、方解石、石英、绿泥石等	重要
	结构构造	矿石结构主要有自形—半自形粒状、他形粒状、交代包含结构等,其次有乳浊状、斑状结构等。矿石构造以致密块状、条带状和浸染状构造为主,局部见有网络状、脉状、角砾状构造	次要
	蚀变特征	围岩蚀变主要有青磐岩化、绿泥石化、绿帘石化、黝帘石化、硅化、绢云母化、萤石化、闪石化、黄铁矿化等; 在岩体接触带附近石榴石-透辉石或透闪石矽卡岩及碳酸盐化发育,并伴有黄铁矿化,大理岩中的纹层状黄铁矿大多形成以绿泥石为主的蚀变	重要
	控矿条件	放牛沟组大理岩、片理化安山岩及安山质凝灰岩在热液的作用下易产生矽卡岩化,形成以充填交代作用为主的矿体; 近东西向放牛沟-前庙岭斜冲断裂带既是控矿构造,亦是控岩构造,矿体及原生晕异常分布于该断裂两侧次级层间构造破碎带、裂隙带内; 岩浆活动控矿作用表现为海西早期同熔型后庙岭花岗岩与上奥陶统石缝组火山-沉积岩系接触带及其外侧200m范围内,以花岗岩为中心,矿床及其原生晕在空间上、时间上、物质组分上分带性十分明显	必要

(二)湖相沉积型

该类型矿体分布于中生代—新生代地堑盆地中,为与沼泽湖泊相碎屑岩沉积建造有关的湖相沉积型硫铁矿床,代表性的矿床为桦甸市西台子硫铁矿床。

西台子硫铁矿成矿要素图以1:5 000矿区综合地质图为底图,突出标明和矿床时空定位有关的成矿要素,主要反映矿床成矿地质作用、矿区构造、成矿特征等内容,特别是地层柱状图、矿床典型剖面图能够直观地反映地层厚度、矿体深度,更加充分地发挥了成矿要素的作用,包括成矿地质体图层、成矿构造图层、矿体图层、蚀变带图层等。对成矿要素按必要的、重要的、次要的进行分类,表明西台子硫铁矿的各种成矿要素,详见桦甸市西台子硫铁矿床成矿要素表4-2-9。

表 4-2-9 桦甸市西台子硫铁矿床成矿要素表

成矿要素		内容描述	成矿要素类别
特征描述		湖相沉积成因类型	
地质环境	岩石类型	粉砂质泥岩、页岩、碳质页岩、黏土岩夹油页岩、褐煤、薄层石膏	必要
	成矿时代	燕山晚期	必要
	成矿环境	位于北东-南西向桦甸地堑向斜西北边缘,受周家屯-仁义屯长倾没向斜构造控制;矿体赋存在褶皱构造两翼的桦甸组下部含硫铁矿岩段	必要
	构造背景	位于北东叠加造山-裂谷系(Ⅰ),小兴安岭-张广才岭叠加岩浆弧(Ⅱ),张广才岭-哈达岭火山-盆地区(Ⅲ),南楼山-辽源火山-盆地群(Ⅳ)	重要
矿床特征	矿物组合	矿石矿物以黄铁矿、白铁矿为主; 脉石矿物有煤、褐煤、绿帘石、方解石、石英、绿泥石、碳质页岩等	重要
	结构构造	矿石结构:主要有胶状结构、偏胶状结构、花岗变晶结构,以偏胶状结构最主要,胶状结构及花岗变晶结构较少见; 矿石构造:主要为结核状构造,常见有罂粟状、冰雹状、豌豆状、胡桃状、饼状和盾板状,次为浸染状构造	次要
	蚀变特征	主要有硅化、绿泥石化、绿帘石化、绢云母化、高岭土化、黄铁矿化等	重要
	控矿条件	沿深大断裂发育的中生代—新生代地堑盆地是成矿的有利空间;地层与岩相条件对矿床生成非常重要,强还原环境下封闭或半封闭的水盆地内堆积形成的桦甸组沼泽湖泊相碎屑岩含煤和油页岩沉积建造为主要的含矿层位	必要

(三)矽卡岩型

与早古生代火山-沉积建造有关,燕山晚期中酸性岩浆活动和岩浆-热液改造叠加作用形成的矽卡岩型硫铁矿,代表性的矿床为永吉县头道沟硫铁矿床。

头道沟硫铁矿成矿要素图以1:1 000矿区综合地质图为底图,突出标明和矿床时空定位有关的成矿要素,主要反映矿床成矿地质作用、矿区构造、成矿特征等内容,特别是地层柱状图、矿床典型剖面图能够直观地反映地层厚度、矿体深度,更加充分地发挥了成矿要素的作用,包括成矿地质体图层、成矿构造图层、矿体图层、蚀变带图层等。对成矿要素按必要的、重要的、次要的进行分类,表明头道沟硫铁矿的各种成矿要素,详见永吉县头道沟硫铁矿床成矿要素表4-2-10。

表 4-2-10 永吉县头道沟硫铁矿床成矿要素表

成矿要素		内容描述	成矿要素类别
特征描述		矽卡岩成因类型	
地质环境	岩石类型	下古生界呼兰(岩)群头道岩组变质岩系,岩性主要为砂质板岩、碳质板岩、斜长角闪岩、角闪片岩、透闪-阳起角岩、黑云母硅质角岩、变质砂岩、浅粒岩、变粒岩,燕山晚期花岗岩	必要
	成矿时代	燕山期	必要
	成矿环境	燕山晚期花岗岩体与早古生代火山-沉积岩系的外接触带,呼兰(岩)群头道岩组斜长角闪岩段为主要的赋矿层位	必要
	构造背景	位于东北叠加造山-裂谷系(Ⅰ),小兴安岭-张广才岭叠加岩浆弧(Ⅱ),张广才岭-哈达岭火山-盆地区(Ⅲ),南楼山-辽源火山-盆地群(Ⅳ)	重要
矿床特征	矿物组合	矿石矿物:以磁黄铁矿、黄铁矿、黄铜矿、磁铁矿、辉钼矿为主,还有少量毒砂、钛铁矿、辉铜矿、锐铁矿、黑钨矿、白钨矿、闪锌矿、胶黄矿、硫钴矿、自然铅、自然铜和自然金等; 脉石矿物:有石英、绿帘石、角闪石(阳起石)、透辉石、绿泥石和少量的石榴石、黑云母、方解石、斜长石等	重要
	结构构造	矿石结构:主要为自形—半自形粒状、他形粒状结构,其次为包含结构、共边结构等; 矿石构造:主要为浸染状构造,其次为致密块状构造,少见有条带状、细脉状、蠕虫状和斑点状构造等	次要
	蚀变特征	主要有矽卡岩化、硅化、碳酸盐化、黄铁矿化,其次有绿泥石化、绿帘石化、黝帘石化、绢云母化、闪石化	重要
	控矿条件	地层的控矿作用:矿体均赋存于头道岩组中段斜长角闪岩段,成矿围岩是经过区域变质和角岩化的泥质岩石、火山碎屑岩及中基性火山岩类,在热液的作用下易产生矽卡岩化,形成以充填交代作用为主的矿体; 断裂构造的控制作用:区域性口前-小城子断裂是主要的控矿构造,矽卡岩带及矿体分布于该断裂两侧次级北东向层间构造破碎带、裂隙带,含矿溶液沿构造薄弱带交代充填,形成矽卡岩带及矿体; 岩浆活动的控矿作用:矿床的形成与矿区南东刘家屯燕山期花岗岩-花岗闪长岩-闪长岩系列杂岩体和下古生界呼兰(岩)群头道岩组火山-沉积变质岩系接触交代及顺层交代有关,特别是它的边缘相闪长岩为成矿母岩	必要

(四)海相沉积变质型

在辽吉裂谷沉积构造环境控制下,与古元古界老岭(岩)群海相碳酸盐岩建造有关的沉积变质型硫铁矿床,代表性的矿床为临江市荒沟山硫铁矿床。

荒沟山硫铁矿成矿要素图以1:1 000矿区综合地质图为底图,突出标明和矿床时空定位有关的成矿要素,主要反映矿床成矿地质作用、矿区构造、成矿特征等内容,特别是地层柱状图、矿床典型剖面图能够直观地反映地层厚度、矿体深度，更加充分地发挥了成矿要素的作用，包括成矿地质体图层、成矿构造图层、矿体图层、蚀变带图层等。对成矿要素按必要的、重要的、次要的进行分类，表明荒沟山硫铁矿的各种成矿要素，详见临江市荒沟山硫铁矿床成矿要素表4-2-11。

表 4-2-11　临江市荒沟山硫铁矿床成矿要素表

成矿要素		内容描述	成矿要素类别
特征描述		海相沉积变质成因类型	
地质环境	岩石类型	古元古界老岭(岩)群珍珠门岩组白云石大理岩层夹透镜体或薄层的片岩，主要为白云石大理岩、条带状大理岩、滑石大理岩、眼球状大理岩、透闪石大理岩、燧石大理岩、角砾状大理岩及角闪片岩和绿泥片岩	必要
	成矿时代	前寒武纪	必要
	成矿环境	位于荒沟山"S"形断裂带中部。区域北北东及其次级的一组断裂构造为主要的控矿和容矿构造；老岭(岩)群珍珠门岩组白云石大理岩层夹透镜体或薄层的片岩为主要的赋矿层位	必要
	构造背景	位于前南华纪华北东部陆块(Ⅱ)，胶辽吉古元古代裂谷带(Ⅲ)，老岭坳陷盆地内	重要
矿床特征	矿物组合	矿石矿物：主要有黄铁矿、闪锌矿和方铅矿，此外尚有极少量的磁铁矿、磁黄铁矿、黄铜矿和黝铜矿，地表氧化带次生矿物主要有白铅矿、铅矾、菱锌矿、异极矿、褐铁矿、赤铁矿、针铁矿、黄钾铁矾及硫镉矿等； 脉石矿物：主要有石英、白云石和方解石，地表氧化带有石英、绿帘石、角闪石、透辉石、绿泥石和少量的石榴石、黑云母、方解石、斜长石等	重要
	结构构造	矿石结构：有自形—半自形粒状结构、压碎结构、溶蚀交代结构、骸晶结构、溶蚀结构、网格状结构； 矿石构造：有块状构造、条带状构造、角砾状构造、浸染状构造等	次要
	蚀变特征	围岩蚀变主要有滑石化、硅化、透闪石化、白云石化、蛇纹石化、黄铁矿化，其次有绿泥石化、绿帘石化、碳酸盐化、钠长石化、绢云母化等，其中以黄铁矿化、硅化、滑石化及透闪石化与成矿的关系比较密切，此外当透闪石化与黄铁矿化相伴随出现时亦为寻找黄铁矿体的重要标志	重要
	控矿条件	地层和岩性控矿：荒沟山硫铁矿床及其他铅锌矿床(点)主要赋存在古元古界老岭(岩)群珍珠门岩组中层—薄层—微层硅质及碳质条带状或含燧石结核的白云石大理岩夹滑石大理岩及透闪石大理岩中，矿化具有明显的层位性； 岩相古地理环境和生物的控制作用：根据荒沟山铅锌矿床的硫同位素 $\delta^{34}S$ 均为较大的正值，表明硫化物中的硫属于生物成因硫，且反映是在一个封闭或半封闭的浅海湾或潟湖相中硫酸盐补给不足的条件下形成的。薄层—微层条带状白云石大理岩与中—厚层白云石大理岩成互层状并夹有泥质碎屑岩变质而成的片岩，反映矿床所处部位位于后礁相的古地理环境； 构造控制作用：矿床受区域北北东向及其次级的一组断裂构造控制，是典型受压扭性层间破碎带控制的后生矿床。黄铁矿脉是在岩层发生褶皱时沿大理岩或片岩的层理或挠曲部位发生的张性层间剥离构造充填而成，之后又发生层间的挤压运动，黄铁矿脉被破碎，铅锌矿化叠加在黄铁矿脉之上。构造的控矿作用还表现在，由压扭性作用造成的围岩次级张性层间剥离和挠曲的地段，矿体厚度大，往往成为硫铁矿、铅锌矿富矿体所在部位	必要

三、典型矿床成矿模式

(一)伊通县放牛沟多金属硫铁矿床

伊通县放牛沟多金属硫铁矿床成矿模式见表 4-2-12 和图 4-2-10。

表 4-2-12　伊通县放牛沟多金属硫铁矿床成矿模式表

名称	放牛沟式海相火山岩型硫铁矿床	
成矿的地质构造环境	位于天山-兴蒙-吉黑造山带(Ⅰ),小兴安岭-张广才岭弧盆系(Ⅱ),小顶子-张广才-黄松裂陷槽(Ⅲ),大顶子-石头口门上叠裂陷盆地(Ⅳ)内,哈尔滨-长春断裂带和伊通-伊兰断裂带之间,大黑山隆起带的中心部位	
控矿的各类及主要控矿因素	地层控矿:矿体主要赋存于上奥陶统放牛沟大理岩及其顶底部的安山岩中。 岩浆控矿:矿体主要分布在海西早期后庙岭花岗岩与上奥陶统放牛沟火山岩地层接触带部位。 构造控矿:近东西向放牛沟-前庙岭斜冲断裂带既是控矿构造,亦是控岩构造,矿体分布于该断裂两侧次级层间构造破碎带、裂隙带内	
矿床的三为空间分布特征	产状	含矿带位于花岗岩外触带 400m 范围内,矿体严格受构造控制,主要赋存于近东西向压性破碎带中,走向 70°～100°,倾向南,倾角 35°～70°。矿体在含矿破碎带中成群分布,呈密集平行排列,尖灭再现,舒缓波状
	形态	矿体呈似层状、脉状、透镜状
成矿期次	矽卡岩化成矿期:早期矽卡岩化阶段是铁矿的主要成矿阶段,主要形成钙铁-钙铝石榴石矽卡岩;晚期矽卡岩化阶段是黄铁矿的主要成矿阶段,主要形成绿帘石、绿泥石矽卡岩、蔷薇辉石黑柱石矽卡岩,稍晚形成黄铁矿。硫化物亚阶段,主要形成绿泥石、透闪石矽卡岩及多金属硫化物,该阶段为主要的成矿阶段;重叠矽卡岩化阶段,主要形成脉状绿帘石、石榴石、绿泥石及含矿石英方解石脉,为典型热液蚀变阶段。 低温热液期:形成无矿方解石及沸石脉。 表生成矿期:氧化淋滤阶段,主要形成褐铁矿和氧化锌矿	
成矿时代	海西期	
矿床成因	火山-岩浆热液型	
成矿机制	以后庙岭花岗岩浆活动带来成矿物质为主,在岩浆上侵的同时同化早古生代火山-沉积岩系物质,在含矿热液的作用下,在构造应力薄弱、易交代的含钙质、杂质较多的大理岩特别是条带大理岩、片理化安山岩及安山质凝灰岩中形成矽卡岩,同时成矿物质发生沉淀,形成充填交代矿体	
找矿标志	大地构造标志:小顶子-张广才-黄松裂陷槽大顶子-石头口门上叠裂陷盆地。 地层标志:上奥陶统放牛沟大理岩及其顶、底部的安山岩地层出露区。 接触带标志:海西早期花岗岩体与早古生代火山-沉积岩形成的矽卡岩带。 构造标志:近东西向放牛沟-前庙岭斜冲断裂带是控岩控矿构造	

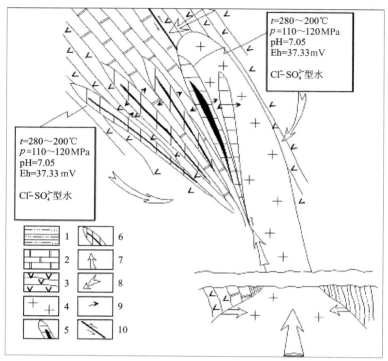

图 4-2-10 伊通县放牛沟多金属硫铁矿床成矿模式图

1. 变质砂岩、极岩及千枚岩；2. 大理岩；3. 安山岩类；4. 花岗岩；5. 早期硫化阶段形成的硫铁矿矿体及其原生异常；6. 晚期硫化阶段形成的铅锌矿体及原生异常；7. 矿体及其正原生异常物质来源；8. 天水的环流和加入；9. 围岩物质的带出与负异常的形成；10. 主要控岩控矿断裂

(二) 桦甸市西台子硫铁矿床

桦甸市西台子硫铁矿床成矿模式见表 4-2-13 和图 4-2-11。

表 4-2-13 桦甸市西台子硫铁矿床成矿模式表

名称	西台子式湖相沉积型硫铁矿床	
成矿的地质构造环境	矿床位于东北叠加造山-裂谷系（Ⅰ），小兴安岭-张广才岭叠加岩浆弧（Ⅱ），张广才岭-哈达岭火山-盆地区（Ⅲ），南楼山-辽源火山-盆地群（Ⅳ）内	
控矿的各类及主要控矿因素	地层控矿：矿体主要赋存于渐新统桦甸组碎屑岩含煤和油页岩沉积建造的下部含硫铁矿岩段。构造控矿：沿深大断裂发育的中生代—新生代地堑盆地是成矿的有利空间。矿床受向斜褶皱构造控制；矿体严格受含矿层位控制	
矿床的三维空间分布特征	产状	矿床位于北东-南西向桦甸地堑向斜西北边缘，受周家屯-仁义屯倾没向斜构造控制；矿体赋存在褶皱构造两翼的桦甸组下部含硫铁矿岩段，主要赋存在 50~300m 标高范围内，矿体长 5km 左右，倾斜延深 173~650m，走向 338°~98°，倾角较缓
	形态	矿体呈层状

续表 4-2-13

名称	西台子式湖相沉积型硫铁矿床
成矿期次	成矿早期:即沉积成矿期,由于动植物腐败聚积了大量的硫化铁凝胶,然后逐渐堆积成结核状的黄铁矿与白铁矿;主成矿期:即重结晶成矿期,当盆地发展到晚期,在稳定水体存在较久的条件下,矿体广泛生长、发育和富集;表生期:主要是形成褐铁矿
成矿时代	燕山晚期
矿床成因	湖相沉积型
成矿机制	沉积盆地发展初期,水的深度有利于陆生植物生长,水体的阔度又允许大量碎屑物的堆积,并且有着强烈的还原作用环境,由于动植物腐败,盆地煤层中含有很多的有机质,易促成硫酸盐的还原作用,聚积了大量的硫化铁凝胶,在沉积分异作用下,逐渐堆积成结核状的黄铁矿与白铁矿,它们往往在原生成岩作用的同时阶段中生成;在上述的沉积环境下,当盆地发展到晚期,下降作用不剧烈和稳定水体存在较久的条件下,导致矿体有着生长和广泛发育的条件,结核状的黄铁矿发生重结晶,富集形成矿体
找矿标志	大地构造标志:张广才岭-哈达岭火山-盆地区南楼山-辽源火山-盆地群。 地层标志:渐新统桦甸组碎屑岩含煤和油页岩沉积建造的下部含硫铁矿岩段。 构造标志:中生代—新生代地堑盆

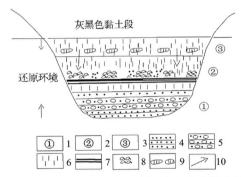

图 4-2-11 桦甸市西台子硫铁矿床成矿模式图
1.渐新统桦甸组砂砾岩段;2.渐新统桦甸组含硫铁矿段;3.渐新统桦甸组棕红色黏土段;4.中细粒砂岩;5.砂砾岩;6.黏土;
7.富煤;8.硫铁矿;9.石膏;10.硫化铁凝胶迁移堆积方向

(三)永吉县头道沟硫铁矿床

永吉县头道沟硫铁矿床成矿模式见表 4-2-14 和图 4-2-12。

表 4-2-14 永吉县头道沟硫铁矿床成矿模式表

名称	头道沟式矽卡岩型硫铁矿床
成矿的地质构造环境	位于东北叠加造山-裂谷系(Ⅰ),小兴安岭-张广才岭叠加岩浆弧(Ⅱ),张广才岭-哈达岭火山-盆地区(Ⅲ),南楼山-辽源火山-盆地群(Ⅳ)

续表 4-2-14

名称	头道沟式矽卡岩型硫铁矿床
控矿的各类及主要控矿因素	地层控矿：矿体均赋存于寒武系头道岩组中段斜长角闪岩段。 岩浆控矿：矿床的形成与燕山期中酸性侵入岩体有关，特别是它的边缘相闪长岩为成矿母岩。 构造控矿：矽卡岩带及矿体分布于该断裂两侧次级北东向层间构造破碎带、裂隙带内
矿床的三维空间分布特征	产状：矿床位于刘家屯燕山期闪长岩体与头道岩组地层接触带附近的矽卡岩带内，矿床东西延长 600m，宽 50～100m，控制深度 280～400m。矿体基本互相平行排列，在垂直方向上大致呈斜列式排列；矿体走向北东 70°，倾向南东，倾角 60°～75° 形态：矿体形态呈似脉状、扁豆状和透镜状
成矿期次	早期矽卡岩化阶段、晚期矽卡岩化阶段：为矽卡岩形成阶段，形成部分金属矿物；氧化物阶段：形成大量磁铁矿、辉钼矿及部分其他金属矿物；石英硫化物阶段：主要成矿阶段，大量的石英和金属矿物生成阶段；石英碳酸盐阶段：主要生成含黄铁矿的石英、方解石脉和细脉状磁黄铁矿，是黄铁矿的主要成矿阶段
成矿时代	燕山期
矿床成因	矽卡岩型
成矿机制	头道沟硫铁矿床是以燕山晚期花岗岩浆活动带来成矿物质为主，在岩浆上侵的同时交代头道岩组变质岩所形成。岩浆活动和交代地层带来成矿物质，在含矿热液的作用下，在构造应力薄弱、易交代的经过区域变质和角岩化的泥质岩石（黑云母硅质角岩）、火山碎屑岩（变质的凝灰质砂岩）及中基性火山岩（斜长角闪岩、斜长阳起角岩、阳起角岩等）中形成矽卡岩，同时成矿物质发生沉淀，形成充填交代矿体
找矿标志	大地构造标志：南楼山-辽源火山-盆地群。 地层标志：寒武系头道岩组中段斜长角闪岩段出露区。 接触带标志：燕山期中酸性侵入体与早古生代头道岩组火山-沉积岩系形成的矽卡岩带。 构造标志：口前-小城子断裂是主要的控岩控矿构造，次级的层间构造破碎带是容矿构造

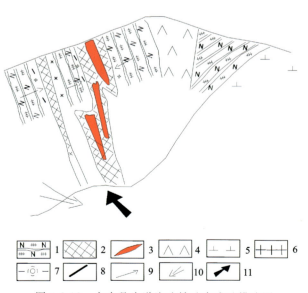

图 4-2-12　永吉县头道沟硫铁矿床成矿模式图

1.呼兰（岩）群头道岩组地层；2.矽卡岩；3.硫铁矿体；4.超基性岩；5.闪长岩；6.花岗岩脉；7.硅化；8.断层；9.成矿物质迁移方向；10.雨水加入岩浆热液环流；11.燕山期中酸性岩浆及其热液迁移方向

(四)临江市荒沟山硫铁矿床

临江市荒沟山硫铁矿床成矿模式见表 4-2-15 和图 4-2-13。

表 4-2-15 临江市荒沟山硫铁矿床成矿模式表

名称	狼山式沉积变质型硫铁矿床	
成矿的地质构造环境	位于前南华纪华北东部陆块(Ⅱ),胶辽吉古元古代裂谷带(Ⅲ),老岭隆起(Ⅳ)内,荒沟山"S"形断裂带中部,北北东及其次级的断裂构造为主要的控矿和容矿构造	
控矿的各类及主要控矿因素	地层和岩性控矿:矿床赋存在古元古界老岭(岩)群珍珠门岩组白云石大理岩中,具有明显的层位性。岩相古地理环境:封闭或半封闭的浅海湾或潟湖相,属后礁相的古地理环境。构造控矿:矿床受北北东向及其次级的一组断裂构造控制,是典型受层间破碎带控制的矿床	
矿床的三维空间分布特征	产状	矿床内主要矿体组成了一个北东-南西向的矿带,长 1 500m 左右,矿体呈雁行式排列,具有尖灭侧现或尖灭再现特点,矿体规模一般不大,延深一般大于走向长度
	形态	矿体呈脉状、透镜体、囊状
成矿期次	石英-碳酸盐-黄铁矿阶段、多金属硫化物阶段、浸染状方铅矿阶段、闪锌矿阶段、方铅矿阶段、成矿后期碳酸盐阶段、次生氧化物阶段	
成矿时代	前寒武纪	
矿床成因	海相沉积变质型	
成矿机制	太古宙地体经长期风化剥蚀,陆源碎屑及大量 Pb、Zn 组分被搬运到裂谷海盆中,与海水中 S 等相结合,固定于沉积物中,实现了 Pb、Zn 金属硫化物富集,形成原始矿层或"矿源层"。之后,在辽吉裂谷的抬升回返过程中,含矿地层发生褶皱和断裂,为热液环流提供了构造空间。同时在伴随的区域变质作用下,变质热液从围岩和原始矿层或"矿源层"中萃取 S、Pb、Zn 及其伴生组分,形成含矿热液,含矿热液运移到有利的构造空间,再次与 Fe、Zn、Pb 等结合并沉淀形成矿体	
找矿标志	大地构造标志:胶辽吉古元古代裂谷带老岭隆起。地层标志:老岭(岩)群珍珠门岩组白云石大理岩出露区。构造标志:北北东向及其次级的一组断裂构造为控矿构造	

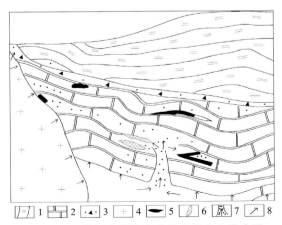

图 4-2-13 临江市荒沟山硫铁矿床成矿模式图
1.花山岩组片岩;2.珍珠门岩组大理岩;3.构造破碎带;4.花岗岩;
5.硫铁矿体;6.铅锌矿体;7.成矿物质运移通道;8.热液运移方向

第三节　预测工作区成矿规律研究

一、预测工作区地质构造专题底图确定

(一)放牛沟预测工作区

1. 预测工作区范围

预测工作区位于吉林省中部,长春市西南的乐山镇—太平村一带,预测区拐点坐标为:124°50′27″、43°27′28″;125°10′12″、43°39′55″;125°17′29″、43°34′04″;124°57′39″、43°21′29″。编图区面积为518.92km²。编图比例尺为1∶5万。

2. 地质构造专题底图特征

在空间上硫铁矿矿产与古生代奥陶系放牛沟火山岩有关,重点突出放牛沟英安质凝灰熔岩夹大理岩、片理化流纹质凝灰岩中酸性火山碎屑岩夹碳酸盐含硫铁矿建造,对其进行了较详细的划分,包括成分特征、形态及空间分布特征、与围岩的接触关系等,同时注重构造边界、主干断裂及分布和控矿构造。

充分收集了1∶20万区域地质调查和矿产普查中发现的硫铁矿矿产及围岩蚀变资料,确定了矿产与火山建造及区域地质构造之间的成因联系,转绘了有关的矿床、矿点、矿化点和围岩蚀变,转绘物探、化探、遥感解译资料。

编制了沉积岩建造柱状图、火山岩建造综合柱状图、侵入岩建造综合柱状图、变质岩建造综合柱状图。

(二)西台子预测工作区

1. 预测工作区范围

预测工作区位于吉林省中部,属桦甸市管辖,预测区拐点坐标为:126°41′09″、42°53′30″;126°56′50″、42°53′28″;126°56′54″、43°02′14″;126°41′10″、43°02′17″。编图区面积为346.82km²。编图比例尺为1∶5万。

2. 地质构造专题底图特征

在空间上硫铁矿与桦甸组沼泽湖泊相碎屑岩含煤和油页岩沉积建造十分密切,对沉积岩、沉积建造及变形构造进行详细研究。对火山岩、侵入岩建造进行简化,注重分析研究碎屑岩-有机泥质岩的时空展布特征与矿产关系、划分的沉积岩建造单元,同时注重构造边界、主干断裂及分布和控矿构造。

充分收集了1∶20万区域地质调查和矿产普查中发现的硫铁矿及围岩蚀变资料,转绘了有关的矿床、矿点、矿化点和围岩蚀变,转绘物探、化探、遥感解译资料。

编制了沉积岩建造柱状图、火山岩建造综合柱状图、侵入岩建造综合柱状图、变质岩建造综合柱状图、图例、图区所在构造位置图及责任表等。

（三）倒木河-头道沟预测工作区

1. 预测工作区范围

预测工作区位于吉林省中部，隶属永吉县管辖，预测区拐点坐标为：126°07′15″、43°21′25″；126°30′42″、43°21′27″；126°30′43″、43°36′12″；126°07′10″、43°36′09″。编图区面积为 863.94km²。编图比例尺为 1∶5 万。

2. 地质构造专题底图特征

区内硫铁矿成因上与中生代中酸性侵入岩浆和古元古代变质岩系有关，在空间上硫铁矿与侏罗纪中酸性岩浆建造、沉积碎屑岩-变质岩建造密切，因此对这一部分进行了较详细的划分，突出硫铁矿与沉积岩有关的岩性岩相（构造）和侵入岩建造，详细划分了侵入岩建造，包括成分特征、形态及空间分布特征、与围岩的接触关系等；简化火山岩建造，保留地质体和地质体代号，同时注重构造边界、主干断裂及分布和控矿构造，对变形构造进行详细研究。

充分收集了 1∶20 万区域地质调查和矿产普查中发现的矿产及围岩蚀变资料，并转绘矿点、矿化点和围岩蚀变，转绘物探、化探、遥感解译资料。

编制了沉积岩建造柱状图、火山岩建造综合柱状图、侵入岩建造综合柱状图、变质岩建造综合柱状图。

（四）热闹-青石预测工作区

1. 预测工作区范围

预测工作区位于吉林省南部，属通化市管辖。预测区拐点坐标为：126°36′03″、41°39′33″；125°40′57″、41°39′22″；125°41′17″、41°14′52″；126°21′14″、41°15′02″；省界。编图区面积为 3 090.27km²。编图比例尺为 1∶5 万。

2. 地质构造专题底图特征

吉林省热闹-青石建造构造图重点对蚂蚁河（岩）组变质岩建造、碎屑岩-碳酸盐岩建造进行详细划分，研究与硫铁矿矿床的成矿因素有关的变质岩、侵入岩和构造。对古生代沉积岩、火山岩建造只在柱状图中进行划分，图面保留地质体和地质体代号。

充分收集了 1∶20 万区域地质调查和矿产普查中发现的矿产及围岩蚀变资料，并转绘矿点、矿化点和围岩蚀变，转绘物探、化探、遥感解译资料。

编制了沉积岩建造柱状图、火山岩建造综合柱状图、侵入岩建造综合柱状图、变质岩建造综合柱状图。

（五）上甸子-七道岔预测工作区

1. 预测工作区范围

预测工作区位于吉林省东部天宝山一带，属蛟河市、敦化市管辖。预测区拐点坐标为：128°43′52″、42°48′40″；127°30′35″、42°49′43″；127°31′09″、43°23′47″；129°19′41″、43°21′56″；129°17′58″、42°40′36″；

128°43′36″、42°41′22″;编图区面积为 9 877.60 km²。编图比例尺为 1∶5 万。

2. 地质构造专题底图特征

预测工作区为侵入岩、变质岩分布区,赋存数处硫铁矿矿点。岩浆岩区突出表达侵入岩建造、变质岩石组合与矿产关系、断裂构造(成矿和控矿构造),标绘与硫铁矿有关的矿化及矿化信息的集中区。

充分收集了1∶20万区域地质调查和矿产普查中发现的矿产及围岩蚀变资料,并转绘矿点、矿化点和围岩蚀变,转绘物探、化探、遥感解译资料。

编制了沉积岩建造柱状图、火山岩建造综合柱状图、侵入岩建造综合柱状图、变质岩建造综合柱状图。

二、预测工作区成矿要素特征

(一)火山岩型

放牛沟预测工作区成矿要素图以1∶5万吉林省放牛沟地区火山建造构造图为预测底图,突出标明与成矿有关的地质内容。图面标明全部矿床、矿点、矿化线索、采矿遗迹、蚀变等有关内容,主要反映区域成矿地质作用、区域成矿构造体系、区域成矿特征等内容。总结区域成矿规律,确定各种成矿要素信息。在预测工作区范围内,可以根据区域成矿要素的空间变化规律进行分区,详见吉林省放牛沟地区放牛沟式海相火山岩型硫铁矿成矿要素表 4-3-1。

表 4-3-1 放牛沟地区放牛沟式海相火山岩型硫铁矿成矿要素表

区域成矿要素		内容描述	类别
特征描述		海相火山岩型硫铁矿	
区域地质环境	岩石类型	白色大理岩、条带状大理岩、片理化安山岩、片理化流纹岩、绢云石英片岩、花岗岩	必要
	成矿时代	海西期	必要
	成矿环境	区域上近东西向放牛沟-前庙岭斜冲断裂带为控矿构造,也是控岩构造,石缝组白色大理岩夹条带状大理岩为主要赋矿层位	必要
	构造背景	天山-兴蒙-吉黑造山带(Ⅰ),大兴安岭弧形盆地(Ⅱ),锡林浩特岩浆弧(Ⅲ),白城上叠裂陷盆地(Ⅳ)	重要
区域矿床特征	蚀变特征	青磐岩化、绿泥石化、绿帘石化、黝帘石化、硅化、绢云母化、萤石化、闪石化、黄铁矿化等	重要
	控矿条件	区域上受近东西向放牛沟-前庙岭斜冲断裂带控制,为控岩构造,该断裂两侧次级层间构造破碎带、裂隙带是容矿构造。大理岩、片理化安山岩及安山质凝灰岩控矿;海西早期同熔型花岗岩为控矿岩体	必要

(二)沉积型

西台子预测工作区成矿要素图以1∶5万吉林省西台子地区沉积建造构造图为预测底图,突出标明与成矿有关的地质内容。图面标明全部矿床、矿点、矿化线索、采矿遗迹、蚀变等有关内容,主要反映区域成矿地质作用、区域成矿构造体系、区域成矿特征等内容。总结区域成矿规律,确定各种成矿要素信息。在预测工作区范围内,可以根据区域成矿要素的空间变化规律进行分区,详见吉林省西台子地区西台子式湖相沉积型硫铁矿成矿要素表 4-3-2。

表 4-3-2　西台子地区西台子式湖相沉积型硫铁矿成矿要素表

区域成矿要素		内容描述	类别
特征描述		湖相沉积型硫铁矿	
区域地质环境	岩石类型	含砾粗砂岩、中细粒砂岩、细砂岩、粉砂质泥岩、页岩、碳质页岩、黏土岩夹油页岩、褐煤、薄层石膏和硫铁矿	必要
	成矿时代	燕山晚期	必要
	成矿环境	位于北东-南西向桦甸地堑向斜西北边缘,受周家屯-仁义屯长倾没向斜构造控制;矿体赋存在褶皱构造两翼的桦甸组下部含硫铁矿岩段	必要
	构造背景	位于东北叠加造山-裂谷系(Ⅰ),小兴安岭-张广才岭叠加岩浆弧(Ⅱ),张广才岭-哈达岭火山-盆地区(Ⅲ),南楼山-辽源火山-盆地群(Ⅳ)	重要
区域矿床特征	蚀变特征	硅化、绿泥石化、绿帘石化、绢云母化、高岭土化、黄铁矿化	重要
	控矿条件	北东向向斜构造带控矿、桦甸组(含油)页岩地层控矿	必要

(三)层控"内生"型

倒木河-头道沟预测工作区成矿要素图以 1∶5 万吉林省倒木河—头道沟地区综合建造构造图为预测底图,突出标明与成矿有关的地质内容。图面标明全部矿床、矿点、矿化线索、采矿遗迹、蚀变等有关内容,主要反映区域成矿地质作用、区域成矿构造体系、区域成矿特征等内容。总结区域成矿规律,确定各种成矿要素信息。在预测工作区范围内,可以根据区域成矿要素的空间变化规律进行分区,详见吉林省倒木河—头道沟地区头道沟式矽卡岩型硫铁矿成矿要素表 4-3-3。

表 4-3-3　倒木河—头道沟地区头道沟式矽卡岩型硫铁矿成矿要素表

区域成矿要素		内容描述	类别
特征描述		矽卡岩型硫铁矿	
区域地质环境	岩石类型	砂质板岩、碳质板岩、斜长角闪岩、角闪片岩、透闪-阳起角岩、黑云母硅质角岩、变质砂岩、浅粒岩、变粒岩,燕山晚期花岗岩	必要
	成矿时代	燕山期	必要
	成矿环境	燕山晚期花岗岩体与早古生代火山-沉积岩系的外接触带为主要的赋矿层位;北东向是主要的控矿和储矿构造	必要
	构造背景	位于东北叠加造山-裂谷系(Ⅰ),小兴安岭-张广才岭叠加岩浆弧(Ⅱ),张广才岭-哈达岭火山-盆地区(Ⅲ),南楼山-辽源火山-盆地群(Ⅳ)	重要

续表 4-3-3

区域成矿要素		内容描述	类别
特征描述		矽卡岩型硫铁矿	
区域矿床特征	蚀变特征	主要为矽卡岩化、硅化、碳酸盐化、黄铁矿化,其次为绿泥石化、绿帘石化、黝帘石化、绢云母化、闪石化	重要
	控矿条件	北东向是主要的控矿和储矿构造; 中酸性侵入岩控矿; 头道岩组火山沉积碎屑岩-泥质岩控矿	必要

（四）变质型

1. 热闹-青石预测工作区

预测工作区成矿要素图以 1∶5 万吉林省热闹-青石预测工作区变质岩建造构造图为预测底图,突出标明与成矿有关的地质内容。图面标明全部矿床、矿点、矿化线索、采矿遗迹、蚀变等有关内容,主要反映区域成矿地质作用、区域成矿构造体系、区域成矿特征等内容。总结区域成矿规律,确定各种成矿要素信息。在预测工作区范围内,可以根据区域成矿要素的空间变化规律进行分区。详见吉林省热闹—青石地区狼山式沉积变质型硫铁矿成矿要素表 4-3-4。

表 4-3-4　热闹—青石地区狼山式沉积变质型硫铁矿成矿要素表

区域成矿要素		内容描述	类别
特征描述		海相沉积变质型硫铁矿	
区域地质环境	岩石类型	蛇纹石化大理岩、白云石大理岩、滑石大理岩	必要
	成矿时代	前寒武纪	必要
	成矿环境	硫铁矿矿床(点)分布于古元古代蚂蚁河(岩)组变质岩系碎屑岩-碳酸盐岩层中,矿产均赋存于糜棱岩带中	必要
	构造背景	位于前南华纪华北东部陆块(Ⅱ),胶辽吉古元古代裂谷带(Ⅲ),老岭隆起内	重要
区域矿床特征	蚀变特征	硅化、矽卡岩化、碳酸盐化、绿帘石化、绿泥石化、高岭土化、绢云母化等	重要
	控矿条件	蚂蚁河(岩)组大理岩控矿; 北东向断裂具控矿和储矿特征	必要

2. 上甸子-七道岔预测工作区

预测工作区成矿要素图以 1∶5 万吉林省上甸子-七道岔预测工作区变质岩建造构造图为预测底图,突出标明与成矿有关的地质内容。图面标明全部矿床、矿点、矿化线索、采矿遗迹、蚀变等有关内容,主要反映区域成矿地质作用、区域成矿构造体系、区域成矿特征等内容。总结区域成矿规律,确定各种成矿要素信息。在预测工作区范围内,可以根据区域成矿要素的空间变化规律进行分区。详见吉林省上甸子—七道岔地区狼山式沉积变质型硫铁矿成矿要素表 4-3-5。

表 4-3-5　上甸子—七道岔地区狼山式沉积变质型硫铁矿成矿要素表

区域成矿要素		内容描述	类别
特征描述		海相沉积变质型硫铁矿	
区域地质环境	岩石类型	白云石大理岩、滑石大理岩、透闪石大理岩、燧石大理岩、角闪片岩和绿泥片岩	必要
	成矿时代	前寒武纪	必要
	成矿环境	位于荒沟山"S"形断裂带中部。北东向断裂构造是主要的控矿和储矿构造；老岭（岩）群珍珠门岩组白云石大理岩层夹透镜体或薄层的片岩为主要的赋矿层位	必要
	构造背景	位于前南华纪华北东部陆块（Ⅱ），胶辽吉古元古代裂谷带（Ⅲ），老岭隆起内	重要
区域矿床特征	蚀变特征	主要为滑石化、硅化、透闪石化、白云石化、蛇纹石化、黄铁矿化，其次为绿泥石化、绿帘石化、碳酸盐化、钠长石化、绢云母化	重要
	控矿条件	老岭变质核杂岩控制硫铁矿矿产分布，北北东向及其次级的一组断裂构造为控矿构造；古元古界珍珠门岩组控矿	必要

三、预测工作区区域成矿模式

根据预测工作区区域地质构造背景、内生矿产的成矿作用特征，建立了预测工作区各类型矿床的成矿模式。

1. 放牛沟预测工作区

该预测工作区位于南华纪—中三叠世天山-兴蒙-吉黑造山带（Ⅰ），小兴安岭-张广才岭弧盆系（Ⅱ），小顶子-张广才-黄松裂陷槽（Ⅲ），大顶子-石头口门上叠裂陷盆地（Ⅳ）内，四平-德惠断裂带和伊通-伊兰断裂带之间，大黑山隆起带的中心部位。矿床类型为海相火山岩型，成矿时代为海西期。区域上近东西向放牛沟-前庙岭斜冲断裂带为控岩构造，该断裂两侧次级层间构造破碎带、裂隙带是主要的控矿构造；放牛沟大理岩、片理化安山岩及安山质凝灰岩控矿为主要赋矿层位，海西早期同熔型花岗岩为控矿岩体。硫铁矿床以后庙岭花岗岩浆活动和同化早古生代火山-沉积岩系带来成矿物质，在含矿热液的作用下，在构造应力薄弱、易交代的含钙质、杂质较多的大理岩特别是条带大理岩、片理化安山岩及安山质凝灰岩中形成矽卡岩，同时成矿物质发生沉淀，形成充填交代矿体。成矿模式见图 4-3-1。

2. 西台子预测工作区

该预测工作区位于东北叠加造山-裂谷系（Ⅰ），小兴安岭-张广才岭叠加岩浆弧（Ⅱ），张广才岭-哈达岭火山-盆地区（Ⅲ），南楼山-辽源火山-盆地群（Ⅳ），辉发河断裂以北地槽区中生代—新生代地堑盆地。矿床成因类型为湖相沉积型，成矿时代为渐新世。控矿因素为北东向向斜构造带、桦甸组地层，矿体赋存在褶皱构造两翼的桦甸组下部含硫铁矿（含油）页岩段。硫铁矿床是在还原介质中生成的，尤其盆地煤层中含有很多的有机质，易促成硫酸盐的还原作用。由于动植物腐败聚积了大量的硫化铁凝胶，然后逐渐堆积成结核状的黄铁矿与白铁矿，它们往往在原生成岩作用的同时阶段中生成，所见到的结核在构造上的特点是不切穿层理，层理在近结核处随结核的形状而弯曲。矿石的组成成分、结构构造、围岩特征及围岩内化石种类，表明矿床是在沉积分异作用变化较大，而又是强烈还原环境下封闭或半封闭的水盆地内堆积形成的，矿床为产于煤系页岩或黏土中的沉积硫铁矿床。成矿模式见图 4-3-2。

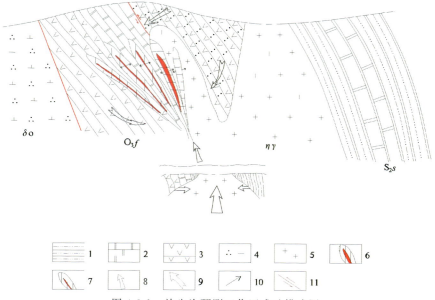

图 4-3-1 放牛沟预测工作区成矿模式图

1.变质砂岩、板岩；2.大理岩；3.安山岩质凝灰岩；4.石英闪长岩；5.花岗岩；6.早期硫化阶段形成的硫铁矿矿体及其原生异常；7.晚期硫化阶段形成的硫铁矿矿体及其原生异常；8.矿体及其正常原生异常物质来源；9.天水的环流和加入；10.围岩物质的带出与负异常的形成；11.主要控岩控矿断裂

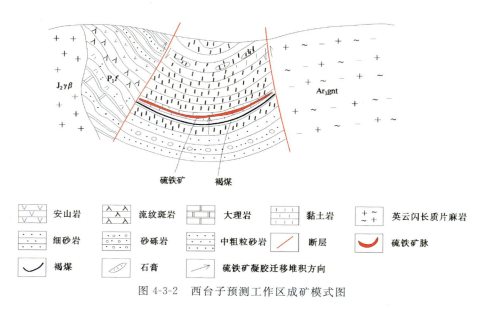

图 4-3-2 西台子预测工作区成矿模式图

3. 倒木河-头道沟预测工作区

该预测工作区矿床成因类型为矽卡岩型，成矿时代为燕山期，位于东北叠加造山-裂谷系（Ⅰ），小兴安岭-张广才岭叠加岩浆弧（Ⅱ），张广才岭-哈达岭火山-盆地区（Ⅲ），南楼山-辽源火山-盆地群（Ⅳ）。赋矿层位为寒武系头道岩组火山沉积碎屑岩—泥质岩，北东向断裂是主要的控矿和储矿构造，燕山期中酸性侵入岩是主要的控矿岩体。燕山期岩浆活动和交代早古生界呼兰（岩）群头道岩组变质岩系带来成矿物质，在含矿热液的作用下，在构造应力薄弱、易交代的经过区域变质和角岩化的泥质岩石（黑云母硅质角岩）、火山碎屑岩（变质的凝灰质砂岩）及中基性火山岩（斜长角闪岩、斜长阳起角岩、阳起角岩等）中

形成矽卡岩,同时成矿物质发生沉淀,形成充填交代矿体。成矿模式见图 4-3-3。

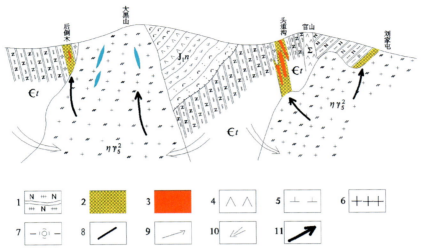

图 4-3-3 倒木河-头道沟预测工作区成矿模式图

1.呼兰(岩)群头道岩组地层;2.矽卡岩;3.硫铁矿体;4.超基性岩;5.闪长岩;6.花岗岩脉;
7.硅化;8.断层;9.地层(成矿)物质迁移方向;10.雨水加入岩浆热液环流;11.燕山期中酸性
岩浆及其热液迁移方向

4. 上甸子-七道岔预测工作区

该预测工作区位于前南华纪华北东部陆块(Ⅱ),胶辽吉古元古代裂谷带(Ⅲ),老岭坳陷盆地内。矿床成因类型为海相沉积变质型,成矿时代为前寒武纪。老岭(岩)群珍珠门岩组白云石大理岩层夹透镜体或薄层的片岩为主要的赋矿层位,北东向断裂为控矿和储矿构造。原始沉积的古元古宙老岭(岩)群古老基底及寒武系碎屑岩-碳酸岩,富含大量的 Au、Ag、Cu、Pb、Zn 等成矿物质,为初始矿源层,燕山期花岗岩侵位后,逐步活化地层中的造矿元素,随着岩浆期后的富硅、矿质交代作用进行,残余岩浆热液中不断富集矿化剂,形成以含金硫铁矿氯络合物为主的矿液,在热动力驱动下,矿液向低压的有利构造空间运移,当到达天水线时被冷却凝结,同时与天水混合和被氧化形成含 HCO_3^-、HCl^-、HSO_4^- 等酸性溶液向下淋滤,大量的金属阳离子被带入热液,在弱碱性介质条件下,硫铁矿沉淀富集成矿。成矿模式见图 4-3-4。

5. 热闹-青石预测工作区

参考上甸子-七道岔预测工作区,成矿模式图 4-3-4。

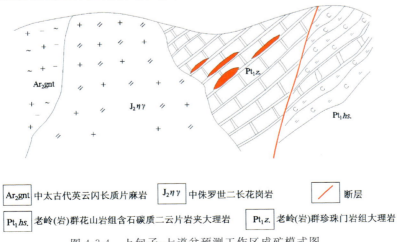

Ar_2gnt 中太古代英云闪长质片麻岩　$J_2\eta\gamma$ 中侏罗世二长花岗岩　断层
$Pt_1hs.$ 老岭(岩)群花山岩组含石碳质二云片岩夹大理岩　$Pt_1z.$ 老岭(岩)群珍珠门岩组大理岩

图 4-3-4 上甸子-七道岔预测工作区成矿模式图

第五章　物探、化探、遥感、自然重砂应用

第一节　重　力

一、技术流程

根据预测工作区预测底图确定的范围，充分收集区域内的1：20万重力资料，以及以往的相关资料，在此基础上开展预测工作区1：5万重力相关图件编制，之后开展相关的数据解释，以满足预测工作对重力资料的需求。

二、资料应用

应用2008—2009年1：100万、1：20万重力资料及综合研究成果，充分收集应用预测工作区的密度参数、磁参数、电参数等物性资料。预测工作区和典型矿床所在区域研究时，全部使用1：20万重力资料。

三、数据处理

在预测工作区，编图全部使用全国项目组下发的吉林省1：20万重力数据。重力数据已经按《区域重力调查技术规范》(DZ/T 0082—2006)进行"五统一"改算。

布格重力异常数据处理采用中国地质调查局发展研究中心提供的RGIS 2008重磁电数据处理软件，绘制图件采用MapGIS软件，按"全国矿产资源潜力评价"项目的《重力资料应用技术要求》执行。

剩余重力异常数据处理采用中国地质调查局发展研究中心提供的RGIS重磁电数据处理软件，求取滑动平均窗口为14km×14km剩余重力异常，绘制图件采用MapGIS软件。

等值线绘制等项与布格重力异常图相同。

四、地质推断解释

1. 放牛沟预测工作区

在1:5万布格重力异常图上,区内北部景台东侧分布一个北东走向椭圆状重力高异常,异常长27.3km,宽10.3km,最大值在北东部出现,为14×10^{-5}m/s^2,向南西方向强度逐渐降低,东、西两侧梯度陡,东侧梯度带为伊通-舒兰断裂带西支附近的次一级断裂。在高重力异常的南西端走向转为北西向,并在黄岭子—靠山形成向南东方向凸起的强度进一步降低的相对重力高异常。

放牛沟多金属矿床位于椭圆状高重力异常的东南边部,该处为北东向梯度带发生转折并由陡变缓部位,反映出北东向、北西向及东西向断裂构造的存在。

局部重力高异常区主要与古生界下志留统桃山组,中志留统石缝组、弯月组变质岩系分布有关。局部重力低异常区与中生代花岗岩岩体、中新生代沉积地层分布有关。

2. 西台子预测工作区

从区域上看,预测工作区处于北东向的重力低异常带上,异常不连续,局部异常呈东西向分布,重力值为$(-36\sim-30)\times10^{-5}$m/s^2,反映了辉河深大断裂上的系列断陷盆地。重力低异常带在预测区一带宽度变大,并出现局部负异常,重力值为$(-44\sim-40)\times10^{-5}$m/s^2,呈近东西向分布,具有西部窄、向东变宽的特点,最窄处在桦甸市附近,宽约3km,最宽处在安子岭屯一带以东,宽度9km。局部重力低异常反映了桦甸盆地并说明盆地厚度较大。西台子硫铁矿位于重力低异常边部梯度带转弯处,反映可能存在近南北向和东西向西构造。区内另一处硫铁矿床处在重力低异常梯度带上。

在剩余重力异常图上,局部重力低异常呈东西向分布,梯度带密集,重力低周围呈局部重力高,使桦甸盆地在重力场中的反映更清晰。

3. 倒木河-头道沟预测工作区

在区域布格重力异常图上,预测区处于山河镇—烟筒山重力高异常的东侧,边部梯度带走向为北西向,北部是双阳-吉林北东向重力高异常带。两处重力高异常反映了古生代基底隆起。预测区处于重力高向重力低的过渡地带,重力场强度为$(-26\sim-24)\times10^{-5}$m/s^2,区外,重力高场值为$(-6\sim10)\times10^{-5}$m/s^{2}和$(-10\sim-8)\times10^{-5}$m/s^2,两者有明显的差异。区内重力场主要反映了大面积分布的中生代火山岩及中酸性侵入岩体重力场特征。在区域剩余重力异常图上,双河镇—头道沟一带有两处局部重力高异常,即双河镇和头道沟重力高异常,反映了早古生代和晚古生代地层的重力场特征。头道沟和芹菜沟超基性岩体与重力高异常吻合,撮落屯附近的重力低异常反映了赋存大黑山钼矿的花岗岩体。

4. 热闹-青石预测工作区

在重力异常图上,区内重力高异常带与重力低异常带相间分布,但在西部和东部,异常带走向明显不同。大东岔—果松一线以西,重力高异常带与重力低异常带呈东西走向,沿南北相间排列,重力高异常带与大面积分布的古元古代蚂蚁河(岩)组、大东岔岩组、荒岔沟(岩)组及新元古代南华纪地层关系密切;大东岔—果松一线以东,重力高异常带与重力低异常带呈北东走向,沿北西-南东方向相间排列,重力高异常带与大面积分布的蚂蚁河(岩)组、大东岔岩组及规模较小的荒岔沟(岩)组关系密切;其中望江—关门砬子一带的重力高异常带,地表主要出露果松组安山岩、凝灰岩、砂岩地层,推断为隐伏元古宙基底隆起引起。重力低异常带与燕山晚期酸性侵入体及中、新生代沉积盆地有关。

太古宙变质岩地层中有部分基性—超基性岩出露，重力高异常、高磁异常是寻找与基性—超基性岩有关的铜镍矿产的有利地段。

元古界集安（岩）群荒岔沟（岩）组内靠近燕山中酸性侵入体一侧，即重力高异常与重力低异常过渡带的重力高一侧，磁力高异常与磁力低异常、负磁异常过渡带的低磁异常一侧，是沉积变质型硫矿成矿的有利部位。

5. 上甸子-七道岔预测工作区

从区域布格重力异常图上可以看出，区内构造线方向受鸭绿江大断裂和本溪-浑江断裂的影响，主要为北东向分布。

区内明显的重力低异常3处，一是红土崖-石人镇重力低异常，北东向分布，异常形态两端大，中间细，呈哑铃状。两端的重力值为$(-52\sim-50)\times10^{-5}$ m/s^{2}和$(-60\sim-50)\times10^{-6}$ m/s^2，北端更低。该异常反映了中生代断陷盆地的重力场特征。二是东侧的青沟里重力低异常，异常范围较小，近东西向分布，重力值为$(-54\sim-50)\times10^{-5}$ m/s^2，该异常与草山岩体吻合，反映了酸性侵入岩体的重力场特征。值得注意的是，草山岩与老秃顶子岩体岩性相同，都处于不同的重力场，老秃顶子岩体处于重力高及梯度带上，说明二者在物质成分上有差别。三是预测区东部的干沟子重力低异常，异常中心在区外闹枝镇附近，区内部分在异常边部梯度带上，异常反映了角枝中生代断陷盆地。

本区重力低异常2处，其余为次级重力高或重力高过渡地带。一处重力高异常位于北部，位于通化-大安-六道江重力高异常带上，为通化重力高的次级异常，异常值-36×10^{-5} m/s^2，异常带反映了新元古代、古生代地层局部隆起。

预测区南部重力高异常，位于七道沟—临江一带北东向沿江分布。重力值为$(-40\sim-30)\times10^{-5}$ m/s^2，最高值为-28×10^{-5} m/s^2。异常带反映了新元古代、中元古代地层的重力场特征。本区处于荒沟山多金属成矿带上，区内矿床矿点密集分布于重力高、重力高梯度带或次级重力高上。

第二节 磁 测

一、技术流程

根据预测工作区预测底图确定的范围，充分收集区域内的1∶20万航磁资料，以及以往的相关资料，在此基础上开展预测工作区1∶5万航磁相关图件编制，之后开展相关的数据解释，以满足预测工作对航磁资料的需求。

二、资料应用

应用收集了19份1∶10万、1∶5万、1∶2.5万航空磁测成果报告，以及1∶50万航磁图解释说明书等成果资料。根据中国地质调查局自然资源航空物探遥感中心提供的吉林省2km×2km航磁网格数据和1957—1994年间航空磁测1∶100万、1∶20万、1∶10万、1∶5万、1∶2.5万共计20个测区的航磁剖面数据，充分收集应用预测工作区的密度参数、磁参数、电参数等物性资料。预测工作区和典型矿床所在区域研究时，主要使用1∶5万资料，部分使用1∶10万、1∶20万航磁资料。

三、数据处理

在预测工作区，编图全部使用全国项目组下发的数据，按航磁技术规范，采用 RGIS 和 Surfer 软件网格化功能完成数据处理。采用最小曲率法，网格化间距一般为 1/4～1/2 测线距，网格间距分别为 150m×150m、250m×250m。然后应用 RGIS 软件位场数据转换处理，编制 1∶5 万航磁剖面平面图、航磁 ΔT 异常等值线平面图、航磁 ΔT 化极等值线平面图、航磁 ΔT 化极垂向一阶导数等值线平面图，航磁 ΔT 化极水平一阶导数（0°、45°、90°、135°方向），航磁 ΔT 化极上沿不同高度处理图件。

四、磁法推断地质构造特征

1. 放牛沟预测工作区

预测区北部是封山村、景台镇、石灰村负异常带，走向北东，幅值为 −100～20nT，南部为轴向多变的正异常。在负背景场上分布有东西向串珠状异常，幅值为 100～200nT。本带在地质上对应了志留系桃山组、弯月组的中酸性火山岩、碳酸盐岩类，以及奥陶系石缝组、庙岭二长花岗岩、白岗质花岗岩等，属弱磁性或无磁性。带内断裂构造发育，主要为东西向、北东向、北西向，并有已知的放牛沟硫铁多金属矿。该带东侧是北东向的低缓正异常带，与火山岩、次火山岩、花岗闪长岩等有关。预测区南部为强磁场区，西侧是黄岭子异常，呈不规则的椭圆状，面积约 18km²，异常中心位于西蟒仗，最大幅值 3 000nT，两侧均有负值，负值强度为 −800～−600nT。据航磁资料，黄岭子一带见辉石闪长岩、角闪岩。闪长岩 κ 值为 6 000×4π×10⁻⁶SI，属强磁性，使航磁曲线呈高磁多峰状。东侧大顶山—司家村一带，磁场较两侧低，异常走向变化较大，强度一般为 100～300nT。岩性为侏罗纪正常花岗岩、二长花岗岩，三叠纪花岗岩及泥盆纪—石炭纪角闪辉长岩等。

放牛沟航磁异常（吉 C-89-98）位于后庙岭岩体与奥陶系石缝组地层接触部位，处于洪喜堂向斜北翼，有东西向压性断裂通过。放牛沟硫铁多金属矿产于花岗岩与石缝组地层的接触带及外侧的片理化安山岩、大理岩的层向破碎带中。

在航磁 ΔT 平面图上，该异常以负区域磁场为背景，3 条测线上反映，曲线规则，走向东西，中间测线磁场强度最高，$\Delta T_{max}=578$nT，两侧强度较小，为 180～200nT。磁异常恰好落在矿体上，吻合性好。

2. 西台子预测工作区

西台子硫铁矿赋存于桦甸沉积盆地内，属沉积型硫铁矿床。盆地的基底是二叠系范家屯组，大体呈弧带状分布于盆地的北西边缘。岩性上部为片岩、千枚岩夹少量变质砂岩，中下部为安山玢岩、流纹斑岩及少量凝灰岩。

渐新统桦甸组油页岩组呈不整合覆盖于范家屯组之上。该地层下部含硫铁矿组，中部为油页岩组，上部为砂页岩含碳质页岩组。下部是硫铁矿床的容矿层位，它的岩性主要是砂砾岩、黏土岩、含硫铁矿煤岩等。

区内发育海西期和燕山期花岗岩，沿断裂构造侵入。

区内磁场特征是在大片负磁场中，向中部磁场变低，边部磁场为 −200～−100nT，中部磁场为 −300～−200nT。最低处在桦郊乡东南部和煤矿屯一带，为 −500～−400nT。不同的负磁场反映了不同的沉积厚度，负值较低的反映沉积厚度更大些。区内有几处局部异常，一是桦甸村一带，北东向分布的异常强度高，梯度陡，最高强度在 600nT 以上。推测为沿断裂侵入的隐伏中性岩体；二是区内东南部,异常与区外大片异常相连,是由南部太古宙变质岩引起。北部的低缓异常可能与花岗岩有关。

3. 倒木河-头道沟预测工作区

预测区位于晚古生代吉林褶皱带与北东向的雁形排列的印支晚期—燕山早期驿马-吉林火山-岩浆构造带的叠合部位。区内主要出露下侏罗统南楼山组火山岩及碎屑岩和上三叠统四合屯组火山岩及碎屑岩,中侏罗世花岗闪长岩、二长花岗岩及石英闪长岩。区内中部及东部出露寒武系头道岩组变质岩和二叠系范家屯组、寿山沟组碎屑岩。区内磁场较平稳,波动不大,强度为50~100nT,主要反映了花岗岩的磁场特征。下侏罗纪南楼山组磁场略低,一般为0~60nT,分布于半拉川、大理山—林家屯。在东部五里河—白马夫一带呈现负异常,在南部的五间房等大面积分布,部分呈高值异常,如李家村—西阳村一带,强度为-100nT左右,可能与北东向和东西向的局部断裂有关。

4. 热闹-青石预测工作区

预测区西北部江甸—老房沟一线以西,为高背景的正磁异常分布区,地表出露有新太古代变质二长花岗岩,晚三叠世二长花岗岩,早白垩世碱长花岗岩,中侏罗统果松组安山岩、凝灰岩、砂岩,另有规模较小的石英闪长岩及超基性岩脉出露。结合该区1987年、1990年的航磁报告中的航磁异常地面检查结果及解释推断意见,认为该区正磁异常大部分由火山岩、中性岩体引起,少数由基性—超基性岩体、酸性岩体及新太古代变质二长花岗岩引起。

区内中西部正负异常分布区,位于江甸—老房沟一线向东至大东岔—果松一线之间。其中中部以北为北东走向、宽约28km的负磁异常带,其上叠加有环状、椭圆状、条带状局部正磁异常;较宽负磁异常区(带),主要出露地层有元古界集安(岩)群蚂蚁河(岩)组、荒岔沟(岩)组、大东岔岩组、南华系南芬组、桥头组、震旦系万隆组;其中变质岩具有较弱磁性或较低磁性,一般引起负磁异常或强度不高的正磁异常;蚂蚁河(岩)组中磁铁浅粒岩、黑云变粒岩或含硼镁铁矿时可引起较强磁异常。负磁异常区的西南部古元古代花岗岩分布数量较多,多数规模较小,大多数不引起较强磁异常,印支期石英闪长岩和白垩纪碱长花岗岩大、小规模均有,但数量较少,一般引起较强磁异常;负磁异常区的东北部有一处规模较大的印支期龙头二长花岗岩、花岗闪长岩岩体出露,在与元古宙地层接触带上,产生环状正磁异常,即磁性蚀变带异常,龙头岩体本身则对应负磁异常。中部以南的高台沟一带大面积正磁异常呈北东东走向的楔形,它的东部异常宽,强度高,最大值达440nT,出现在四道阳岔附近,向西强度逐渐变低,宽度变窄,西部末端异常突然变强,主要出露有蚂蚁河(岩)组。高台沟硼矿床所在地区的18处硼矿床大部分分布在较宽异常部位上。高台沟较宽磁异常的南部和东部分布有火山岩及酸性侵入体磁异常。

大东岔—果松一线以东区域,分布有大面积的正磁异常区,区内的各局部正磁异常普遍较陡,异常走向无明显规律。地表主要出露有中侏罗统果松组安山岩、凝灰岩、砂岩,燕山晚期酸性侵入体及少量的中性侵入体,新元古代南华纪地层及规模较小的古元古代蚂蚁河(岩)组。与地质图对比分析可知,正磁异常大部分由中侏罗统果松组安山岩、凝灰岩引起,其次为燕山晚期酸性侵入体引起,侵入岩体与地层接触蚀变带异常和中性侵入体引起的异常数量较少。

5. 上甸子-七道岔预测工作区

本区磁场特征是,在大片负磁场中,有局部正异常带,出现磁场以负为主。

预测区西部六道江、新安屯、石人镇、报马桥村一带,磁场平稳,局部略有波动,磁场强度为-100~-30nT,主要反映了浑江坳陷东中上元古界的白云质大理岩、砂岩、粉砂岩、页岩、石英岩及古生界碳酸盐岩的磁场特征。与东部的鞍山群变质岩地层呈断层接触。表现为大片平缓的负异常梯度带,梯度走向约北东50°左右。

其南部四道阳岔—大桥沟一带,磁场十分平稳,磁场强度为-120~-100nT,略低于其北部,主要反映了新元古界砂岩、砾岩等岩性的磁场。

老营沟—六道岔一带侏罗系林子头组和果松组火山岩覆盖区异常呈条带状分布,但异常强度不高,为-50~50nT左右。

预测区中部横路岭—天桥村一带,是一条北东向的异常,长约30km,宽约10~14km,异常带两侧伴有负值。梨树沟与板子庙之间等值线向里收缩,以200nT等值线圈出2个局部异常,分别与老秃顶子、梨树沟花岗岩体对应。两岩体侵入于鞍山群变质岩中。位于北侧的老秃顶子岩体异常高于梨树沟岩体异常,异常最高值为700nT。异常带中的低缓异常主要反映了鞍山群变质岩磁场。异常带东侧的负值梯度带的空间位置与地质确定的"S"形构造带相对应,该带是区内一条重要的成矿构造带。

预测区东部大面积出露老岭(岩)群花山岩组、珍珠门岩组、大栗子(岩)组及临江组地层。朝阳屯-四道小沟出露长白组碎屑岩,东部磁场是在负背景上分布有北东向的低缓异常带,背景场强度为-100~-50nT。

天桥沟—小西沟一带出露草山岩体茅山岩体与老秃顶子岩体同属燕山期花岗岩但草山岩体磁场表现为变化平缓的负场值,与老秃顶岩体差异较大。

第三节 化 探

一、技术流程

由于该区域仅有1:20万化探资料,所以用该数据进行数据处理,编制地区化学异常图,将图件再扩编到1:5万。

二、资料应用情况

应用1:5万或1:20万化探资料。

三、化探资料应用分析、化探异常特征及化探地质构造特征

本次工作划分的5个硫铁矿预测工作区:放牛沟预测工作区、西台子预测工作区、倒木河-头道沟预测工作区、热闹-青石预测工作区、上甸子-七道岔预测工作区,没有S化探异常显示,因此,未对硫铁矿的预测工作区开展地球化学研究。

第四节 遥 感

一、技术流程

利用MapGIS将该幅*.Geotiff图像转换为*.msi格式图像,再通过投影变换,将其转换为1:5万

比例尺的＊.msi图像。

利用1∶5万比例尺的＊.msi图像作为基础图层,添加该区的地理信息及辅助信息,生成鸭园—六道江地区沉积型磷矿1∶5万遥感影像图。

利用Erdas Imagine遥感图像处理软件将处理后的吉林省东部ETM遥感影像镶嵌图输出为＊.Geotiff格式图像,再通过MapGIS软件将其转换为＊.msi格式图像。

在MapGIS支持下,调入吉林省东部＊.msi格式图像,在1∶25万精度的遥感矿产地质特征解译基础上,对吉林省各矿产预测类型分布区进行空间精度为1∶5万的矿产地质特征与近矿找矿标志解译。

利用B1、B4、B5、B7四个波段对应的准归一化校正数据或无损失拉伸数据进行主成分分析,第四主成分存储于14通道中,对其分三级进行异常切割,一般情况一级异常K_σ取3.0,二级异常K_σ取2.5,三级异常K_σ取2.0,个别情况K_σ值略有变动,经过分级处理的3个级别的铁染异常分别存储于16、17、18通道中。

利用B1、B3、B4、B5四个波段对应的准归一化校正数据或无损失拉伸数据进行主成分分析,第四主成分存储于15通道中,对其分三级进行异常切割,一般情况一级异常K_σ取2.5,二级异常K_σ取2.0,三级异常K_σ取1.5,个别情况K_σ值略有变动,经过分级处理的3个级别的铁染异常分别存储于19、20、21通道中。

二、资料应用情况

利用全国项目组提供的2002年9月17日接收的117/31景ETM数据经计算机录入、融合、校正形成的遥感图象。利用全国项目组提供的吉林省1∶25万地理底图提取制图所需的地理部分,参考吉林省区域地质调查所编制的吉林省1∶25万地质图和《吉林省区域地质志》。

三、遥感地质特征

线要素:主要包括断裂构造、脆性—韧性变形构造两种基本构造类型。

带要素:主要包括赋矿地层、赋矿岩层相关的遥感信息。

环要素:包括由岩浆侵入、火山喷发、构造旋扭、围岩蚀变及沉积岩层或环状褶皱等形成的环状构造。

块要素:由几组断裂相互切割、地质体相互拉裂及旋扭和剪切等形成的菱形、眼球状、透镜状、四边形等块状地质体的遥感影像特征。

色要素:指有别于正常地质体的色带、色块、色斑、色晕等,并且在遥感图像上可以目视鉴别的色异常。

近矿找矿标志:指含矿岩层、脉岩类、断裂构造破碎带、各种围岩蚀变带或矿化蚀变带及侵入岩体内外接触带等。

五、遥感地质构造及矿产特征的推断解译

(一)放牛沟预测工作区

1. 遥感地质特征解译

吉林省放牛沟地区海相火山岩型硫铁矿预测工作区,共解译线要素120条(为遥感断层要素)、环要素23个,圈出最小预测区2处。

在遥感断层要素解译中按断裂的规模、切割深度、断裂对地质体的控制程度,结合已知的地质资料,依次划分为大型、中型和小型3类。

本预测工作区内解译出1条大型断裂(带),为四平-德惠岩石圈断裂。该断裂位于预测工作区西北侧边缘,呈北东向展布,为松辽平原与大黑山条垒分界线,即"松辽盆地东缘断裂",沿此断裂古新世早期玄武岩浆喷发活动强烈,形成如范家屯平顶山、尖山和大屯富峰山、小南山等火山锥。该断裂带附近的次级断裂是重要的硫铁-多金属矿产的容矿构造。

预测工作区内解译出1条中型断裂(带),为伊通-辉南断裂带。该带在预测工作区内呈北西向展布,断裂切割下古生界及海西晚期、燕山早期花岗岩,沿断裂有花岗斑岩、流纹斑岩等次火山岩侵入和石英脉填充,老母猪山-团山子基性岩体群沿断裂走向展布。

本预测工作区内的小型断裂比较发育,以北东向和北西向为主,北北东向、北北西向和东西向次之,局部见北西西向和北东东向小型断裂,各方向断裂多表现为压性特征。区内的硫铁-多金属矿床、点多分布于不同方向小型断裂的交会部位。

本预测工作区内的环形构造比较发育,共圈出23个环形构造。它们主要集中于不同方向断裂交会部位。按其成因类型分为3类,其中与隐伏岩体有关的环形构造21个(形成于晚侏罗世)、闪长岩类引起的环形构造1个和中生代花岗岩类引起的环形构造1个(形成于中生代)。隐伏岩体形成的环形构造与硫铁-多金属矿床(点)的关系均较密切。伊通县放牛沟多金属矿形成于北北东向、北东东向及北西向小断裂交会部位,隐伏岩体形成的环形构造集中区(图5-4-1)。

2. 预测工作区遥感异常分布特征

吉林省放牛沟地区放牛沟式海相火山型硫铁矿预测工作区共提取遥感羟基异常面积525 029.304m²,其中一级异常139 823.506m²、二级异常41 434.353m²、三级异常343 771.445m²。预测区东北部,双阳-长白断裂带和四平-德惠岩石圈断裂、依兰-伊通断裂带围成块体内,多条小型断裂交会部位多有羟基异常分布。吉林省放牛沟地区放牛沟式海相火山型硫铁矿预测工作区共提取遥感铁染异常面积1 100 759.704m²,其中一级异常26 981.710m²、二级异常413 68.670m²、三级异常1 032 409.324m²。预测区南部,双阳-长白断裂带南部铁染异常分布,被多条小型断裂围成,并分布有环形构造。

3. 遥感矿产预测分析

本预测区内共圈出最小预测区2处,各预测区坐标范围及预测面积见表5-4-1。矿产预测方法类型为火山岩型。

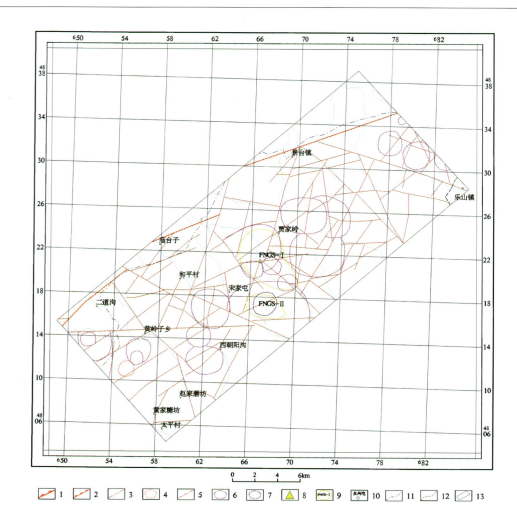

图 5-4-1 吉林省放牛沟硫铁矿预测工作区遥感矿产地质特征解译图

1.大型逆断层;2.中型逆断层;3.小型正断层;4.中生代花岗岩类引起的环形构造;5.小型逆断层;
6.与隐伏岩体有关的环形构造;7.闪长岩类引起的环形构造;8.中型多金属矿床;9.最小预测区;
10.居民点;11.县界;12.地区界;13.预测工作区范围

表 5-4-1 遥感最小预测区一览表

编号	预测区范围	面积/m²
FNGS-Ⅰ	125°02′20″—125°06′26″,43°29′09″—43°32′00″	18 805 964.00
FNGS-Ⅱ	125°02′48″—125°05′27″,43°27′37″—43°28′47″	5 798 620.50

FNGS-Ⅰ:2 条北西向断裂穿过,3 条北东向断裂穿过,有 5 个与隐伏岩体有关的环形构造串状分布。伊通县放牛沟多金属矿分布于此区。

FNGS-Ⅱ:2 条北东向断裂穿过,东西向断裂北侧,有 1 个形成于闪长岩体内的环形构造。区内分布有伊通孟家沟多金属矿点。

(二)西台子预测工作区

1. 遥感地质特征解译

吉林省西台子地区西台子式湖相沉积型硫铁矿预测工作区,共解译线要素 37 条,全部为遥感断层要素,环要素13个,色要素1处,圈出最小预测区2处。

本预测区内解译出1条大型断裂(带),为敦化-密山岩石圈断裂。该断裂带有两条近于平行的高角度逆断层构造,并相向对冲。桦甸一带表现为下古生界、石炭系、海西期和燕山期花岗岩逆冲到侏罗系—白垩系之上。东支断裂:南段位于柳河盆地西侧,太古宇逆冲于中生代地层之上。

本预测区内解译出3条中型断裂(带),分别为东辽-桦甸断裂带、桦甸-蛟河断裂带、桦甸-双河镇断裂带。桦甸西台子硫铁矿位于3个中型断裂交会处。

东辽-桦甸断裂带:切割侏罗纪以前的地层及岩体,被敦化-密山断裂带截断。

桦甸-蛟河断裂带:切割奥陶纪—白垩纪地层及岩体,控制蛟河盆地总体走向,该断裂带形成于晚侏罗世,多次活动并切割敦化-密山断裂。

本预测区内的小型断裂比较发育,以北东向、北东东向为主,北西向、北西西向次之,其中北西向断裂多表现为张性特征,其他方向断裂多表现为压性特点。

本预测区内的环形构造比较发育,共圈出13个环形构造。它们主要集中于不同方向断裂交会部位。它的成因类型为与隐伏岩体有关的环形构造。

本预测区内共解译出色调异常1处,为绢云母化、硅化引起,它们在遥感图像上显示为浅色色调异常(图5-4-2)。

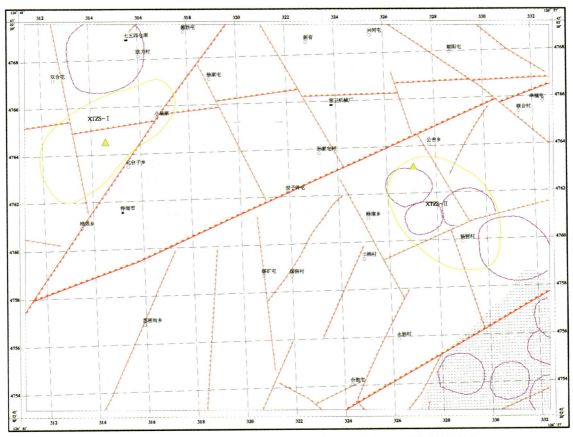

图 5-4-2 吉林省西台子地区硫铁矿预测工作区遥感矿产地质特征解译图

2. 预测工作区遥感异常分布特征

吉林省西台子地区西台子式湖相沉积型硫铁矿预测工作区共提取遥感羟基异常面积 254 646.660 m^2,其中一级异常 42 300.000 m^2、二级异常 38 700.000 m^2、三级异常 173 646.660 m^2。

该异常在本预测区北部分布,沿敦化-密山岩石圈断裂和东辽-桦甸断裂带分布交会。

吉林省西台子地区西台子式湖相沉积型硫铁矿预测工作区共提取遥感铁染异常面积945 789.295m²,其中一级异常651 476.518m²、二级异常143 859.805m²、三级异常150 452.973m²。

铁染异常主要在本预测区西北分布,沿桦甸-蛟河断裂带和桦甸-双河镇断裂带交会分布。桦甸西台子硫铁矿在此。

3. 遥感矿产预测分析

本预测区内共圈最小预测区2处,其坐标范围见表5-4-2。

表5-4-2 遥感最小预测区一览表

编号	预测区范围	面积/m²
XTZS-Ⅰ	126°41′37″—126°45′42″,42°58′09″—43°01′01″	16 013 436.00
XTZS-Ⅱ	126°51′59″—126°55′23″,42°56′30″—42°59′19″	16 251 976.00

XTZS-Ⅰ:上火龙环形构造边部,东辽-桦甸东西向断裂带与桦甸蛟河北西向断裂带交会。矿区内及周围遥感铁染异常分布。区内有桦甸西台子硫铁矿。

XTZS-Ⅱ:东西向与北东向断裂交会,区内分布有4个与隐伏岩体有关的环形构造。矿区内及周围遥感铁染异常零星分布。桦甸北台子乡西台子矿点分布于预测区北部。

(三)倒木河-头道沟预测工作区

1. 遥感矿产地质特征

吉林省倒木河—头道沟地区头道沟式矽卡岩型硫铁矿预测工作区,共解译线要素89条,全部为遥感断层要素,环要素32个,色要素4处。圈出最小预测区2处。

本预测区内解译出3条中型断裂(带),为双阳-长白断裂带、柳河-吉林断裂带、桦甸-双河镇断裂带。

本预测区内的小型断裂比较发育,以北东向、北东东向为主,北西向、北西西向次之,小型断裂多表现为压性特点,北西向断裂多表现为张性特征。

本预测区内的环形构造比较发育,共圈出32个环形构造。它们主要集中于不同方向断裂交会部位。按其成因类型分为3类,其中与隐伏岩体有关的环形构造8个、中生代花岗岩类引起的环形构造22个、基性岩类引起的环形构造2个。隐伏岩体形成于晚侏罗世,与多金属矿床(点)的关系均较密切。

预测区内共解译出色调异常4处,全为绢云母化、硅化引起,它们在遥感图像上均显示为浅色色调异常。从空间分布上看,区内的色调异常明显与断裂构造及环形构造有关,在北东向断裂带上及北东向断裂带与其他方向断裂交会部位,以及环形构造集中区,色调异常呈不规则状分布。

区内的小型硫铁矿矿床(点)形成于基性、超基性岩体形成的环形构造边部,遥感色调异常区内(图5-4-3)。

2. 预测工作区遥感异常分布特征

吉林省倒木河—头道沟地区头道沟式矽卡岩型硫铁矿预测工作区共提取遥感羟基异常面积3 349 137.327m²,其中一级异常746 868.851m²、二级异常556 363.797m²、三级异常2 045 904.679m²。预测区东北部,桦甸-双河镇断裂带和柳河-吉林断裂带交会处,其间有多条小型断裂,并有多个环形构造,羟基异常集中分布。

吉林省倒木河—头道沟地区头道沟式矽卡岩型硫铁矿预测工作区共提取遥感铁染异常面积3 349 137.327m²,其中一级异常746 868.851m²、二级异常556 363.797m²、三级异常2 045 904.679m²。

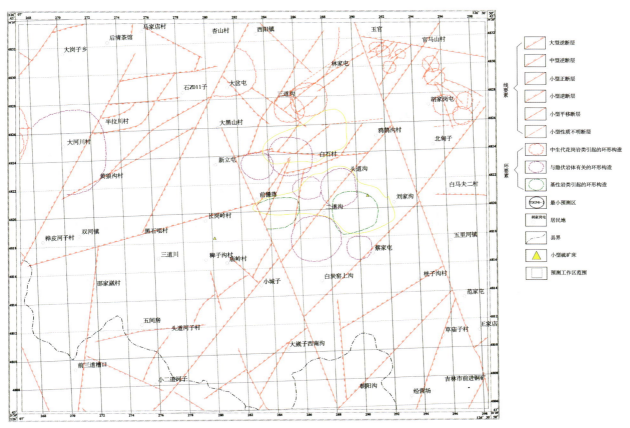

图 5-4-3　吉林省倒木河—头道沟地区硫铁矿预测工作区遥感矿产地质特征解译图

预测区中部,桦甸-双河镇断裂带和柳河-吉林断裂带围成的菱形块体内铁染异常集中分布,其间分布有环形构造。

3.遥感矿产预测分析

本预测区内共圈出最小预测区 2 处,其坐标范围见表 5-4-3。

表 5-4-3　遥感最小预测区一览表

编号	预测区范围	面积/m²
DMHS-Ⅰ	126°19′26″—126°23′40″,43°30′48″—43°32′54″	14 199 821.00
DMHS-Ⅱ	126°18′58″—126°25′59″,43°28′01″—43°30′48″	24 195 810.00

DMHS-Ⅰ:桦甸-双河镇断裂带与柳河-吉林断裂带交会处,其间有多条北东向断裂通过,并有两个与隐伏岩体有关的环形构造,区内为遥感浅色色调异常区,有高度集中的铁染、羟基异常分布。

DMHS-Ⅱ:柳河-吉林断裂带在此穿过,并有两个与隐伏岩体有关的环形构造,有两个与基性岩体有关的环形构造。区内为遥感浅色色调异常区,有高度集中的铁染、羟基异常分布。区内分布有永吉头道沟多金属硫铁矿床。

(四)热闹-青石预测工作区

1. 遥感地质特征解译

吉林省热闹—青石地区狼山式沉积变质型硫铁矿预测工作区遥感矿产地质特征与近矿找矿标志解译图,共解译线要素399条,全部为遥感断层要素,环要素144个,色要素20处。圈出最小预测区10处。

本预测区内解译出1条大型断裂(带),为集安-松江岩石圈断裂。解译出3条中型断裂(带),分别为大川-江源断裂带、大路-仙人桥断裂带、果松-花山断裂带。

本预测区内的小型断裂比较发育,并以北东向、北东东向为主,北西向、北西西向次之,北西向断裂多表现为张性特征,其他方向断裂多表现为压性特点。

本预测区内的环形构造比较发育,共圈出144个。它们主要集中于不同方向断裂交会部位。按其成因类型分为6类,其中与隐伏岩体有关的环形构造124个,中生代花岗岩类引起的环形构造8个,古生代花岗岩类引起的环形构造6个,火山机构或通道引起的环形构造2个,闪长岩类引起的环形构造1个,褶皱引起的环形构造1个,成因不明的环形构造2个。

本预测区内共解译出色调异常20处,9处为绢云母化、硅化引起,它们在遥感图像上均显示为浅色色调异常。11处为侵入岩体内外接触带及残留顶盖。从空间分布上看,区内的色调异常明显与断裂构造及环形构造有关,在北东向断裂带上及北东向断裂带与其他方向断裂交会部位以及环形构造集中区,色调异常呈不规则状分布。

区内的集安市红石砬子硫铁矿是环形构造集中区,在空间上与遥感色调异常有较密切的关系,形成于侵入岩体内外接触带。

2. 预测工作区遥感异常分布特征

吉林省热闹—青石地区狼山式沉积变质型硫铁矿预测工作区共提取遥感羟基异常面积$8\,297\,204.387m^2$,其中一级异常$1\,731\,848.688m^2$、二级异常$848\,553.248m^2$、三级异常$5\,716\,802.451m^2$。预测区西北部,大川-江源断裂带上羟基异常有分布。在多条小型断裂交会部位及遥感浅色色调异常区,羟基异常相对集中。

吉林省热闹—青石地区狼山式沉积变质型硫铁矿预测工作区共提取遥感铁染异常面积$11\,314\,149.545m^2$,其中一级异常$5\,273\,484.675m^2$、二级异常$1\,494\,898.077m^2$、三级异常$4\,545\,766.793m^2$。铁染异常在本预测区分布均匀,沿集安-松江岩石圈断裂上相对集中,头道-长白山断裂带上有铁染异常分布。

3. 遥感矿产预测分析

本预测区内共圈出最小预测区10处,其坐标范围见表5-4-4。矿产预测方法类型为变质型。

表5-4-4 遥感最小预测区一览表

编号	预测区范围	面积/m^2
rnqsS-Ⅰ	126°15′34″—126°18′08″,41°36′35″—41°38′11″	5 580 431.5
rnqsS-Ⅱ	126°18′16″—126°20′48″,41°32′07″—41°34′37″	5 240 849.625
rnqsS-Ⅲ	125°52′47″—126°00′08″,41°27′09″—41°34′09″	80 009 933.15

续表 5-4-4

编号	预测区范围	面积/m²
rnqsS-Ⅳ	125°44′17″—125°49′47″,41°22′42″—41°27′58″	35 411 791.5
rnqsS-Ⅴ	125°48′53″—125°51′51″,41°21′20″—41°23′16″	10 421 170.09
rnqsS-Ⅵ	125°45′15″—125°49′14″,41°19′49″—41°21′30″	10 214 721.06
rnqsS-Ⅶ	125°53′30″—125°56′35″,41°18′54″—41°20′26″	7 005 455.08
rnqsS-Ⅷ	126°15′46″—126°18′51″,41°17′03″—41°19′08″	3 085 346.43
rnqsS-Ⅸ	126°22′04″—126°23′45″,41°18′07″—41°19′19″	12 493 481.06
rnqsS-Ⅹ	126°20′04″—126°22′01″,41°14′49″—41°17′54″	7 345 882.355

rnqsS-Ⅰ：大川-江源断裂带与花果松-花山断裂带间，北东向、北西向断裂交会，铁染、羟基异常分布，有与隐伏岩体有关的环形构造分布。

rnqsS-Ⅱ：东西向头道-长白山断裂带与北西向大路-仙人桥断裂带、果松-花山断裂带间，分布有北东向、北西向断裂交会，铁染、羟基异常，有与隐伏岩体有关的环形构造相离分布。

rnqsS-Ⅲ：头道-长白山断裂带与北东向、北西向断裂交会，有与隐伏岩体有关的环形构造呈团状分布。区内为遥感浅色色调异常区，羟基异常分布，分布有集安市红石砬子硫铁矿。

rnqsS-Ⅳ：北东向、北西向、东西向断裂交会处，区内为遥感浅色色调异常区，铁染、羟基异常分布，有与隐伏岩体有关的环形构造多个及中生代花岗岩类引起的环形构造分布。

rnqsS-Ⅴ：北东向、北西向、东西向断裂交会处，区内为遥感浅色色调异常区，铁染、羟基异常分布，有与隐伏岩体有关的环形构造分布。

rnqsS-Ⅵ：头道-长白山断裂带与北东向、北西向断裂交会，有与隐伏岩体有关的环形构造呈北东串状分布。区内为遥感浅色色调异常区，羟基异常分布。

rnqsS-Ⅶ：北东向、北西向断裂交会，有2个与隐伏岩体有关的环形构造相交分布。区内为遥感浅色色调异常区，铁染、羟基异常分布。

rnqsS-Ⅷ：集安-松江岩石圈断裂穿过，有4个与隐伏岩体有关的环形构造串状分布，有零星铁染异常分布，区内有遥感浅色色调异常。

rnqsS-Ⅸ：集安-松江岩石圈断裂穿过，一条北东东向断裂通过，有2个与隐伏岩体有关的环形构造串状分布，铁染异常分布，区内有遥感浅色色调异常。

rnqsS-Ⅹ：集安-松江岩石圈断裂穿过，两条北西向断裂通过，有4个与隐伏岩体有关的环形构造串状分布，铁染、羟基异常分布，区内有遥感浅色色调异常。

（五）上甸子-七道岔预测工作区

1. 遥感地质特征解译

吉林省上甸子—七道岔地区狼山式沉积变质型硫铁矿预测工作区，共解译线要素369条，其中遥感断层要素350条，遥感脆韧性变形构造带要素19条，环要素93个，块要素12块，带要素7块，色要素15块。圈出最小预测区7处。

在遥感断层要素解译中按断裂的规模、切割深度、断裂对地质体的控制程度，结合已知的地质资料，依次划分为大型、中型和小型3类。

预测区内解译出1条大型断裂（带），为集安-松江岩石圈断裂。以松江一带为界分西南和东北两段，西南段为台区Ⅲ级、Ⅳ级构造单元分界线，在绿江村、杨木林子屯一带控制侏罗纪地层堆积，断裂切割晚三叠世、中晚侏罗世地层及中生代侵入岩，使古老的太古宙变质岩系、震旦纪与侏罗纪地层呈压剪性断层接触。该断裂带附近的次级断裂是重要的金-多金属矿产的容矿构造。

预测区内解译出 4 条中型断裂（带），为大川-江源断裂带、大路-仙人桥断裂带、果松-花山断裂带、兴华-白头山断裂带。

大川-江源断裂带：由通化县向北东经白山至抚松后被第四纪玄武岩覆盖，向西南进入辽宁省，由数十条近于平行的断裂构造组成，切割自太古宙—侏罗纪的地层及岩体，控制中元古界、新元古界和古生界的沉积。该断裂带为多期活动断裂，早期为压性，晚期为张性，在二道江—板石一带形成一系列滑脱构造。

大路-仙人桥断裂带：为一条北东-南西向较大型波状断裂带，切割自太古宙—侏罗纪的地层及岩体，控制中元古界、晚元古界和古生界的沉积，与兴华-白头山断裂带、果松-花山断裂带共同组成"荒沟山'S'形构造"。

果松-花山断裂带：切割中、古元古界及侏罗纪火山岩，三道沟北，太古宙花岗片麻岩逆冲于古元古界珍珠门岩组大理岩之上，草山岩体分布于该断裂带上，并被该断裂带切割。

兴华-白头山断裂带：近东西向通过预测区南部，断裂带西段切割地台区老基底岩系、古生代盖层及中生代地层。该断裂带又控制晚三叠世中酸性火山岩。沿断裂带侵入燕山期和印支期花岗岩。该带与北东向断裂交会处为重要的金、多金属成矿区。该断裂带沿吉林省荒沟山—南岔地区岩浆热液改造型金矿预测工作区北中北部呈近东西向横穿预测区。

本预测区内的小型断裂比较发育，并且以北北西向和北西向为主，北东向次之，局部见近南北向和近东西向小型断裂，其中的北西向及北北西向小型断裂多为正断层，形成时间较晚，多错断其他方向的断裂构造，其他方向的小型断裂多为逆断层，形成时间明显早于北西向断裂。不同方向小型断裂的交会部位，是重要的金、多金属成矿区。

本预测区内的环形构造比较发育，共圈出 93 个环形构造。它们主要集中于不同方向断裂交会部位。按其成因类型分为 4 类，其中与隐伏岩体有关的环形构造 81 个、中生代花岗岩类引起的环形构造 8 个、褶皱引起的环形构造 3 个和火山机构或通道引起的环形构造 1 个。区内的矿点多分布于环形构造内部或边部。

本预测区内共解译出色调异常 15 处，6 处为绢云母化、硅化引起，它们在遥感图像上均显示为浅色色调异常。9 处为侵入岩体内外接触带及残留顶盖，从空间分布上看，区内的色调异常明显与断裂构造及环形构造有关，在北东向断裂带上及北东向断裂带与其他方向断裂交会部位，以及环形构造集中区，色调异常呈不规则状分布。区内的临江荒沟山硫铁矿是环形构造集中区，在空间上与遥感色调异常有较密切的关系，形成于侵入岩体内外接触带。

本预测区内共解译出 7 处遥感带要素，均由变质岩组成。其中，5 处为南华系钓鱼台组、南芬组并层，分布于和龙断块内，该带与铁矿关系密切；1 处为古元古界老岭（岩）群珍珠门岩组与花山组接触带附近，由白云质大理岩、透闪石化、硅化白云质大理岩、二云片岩夹大理岩组成，该带与铁、金-多金属的关系密切；1 处为中太古代英云闪长片麻岩。

本预测区内共解译出 12 处遥感块要素，其中 2 处为区域压扭应力形成的构造透镜体，形成于老岭造山带中。10 处为小规模块体所受应力形成的菱形块体，它们全呈北东向展布，2 处分布于大川-江源断裂带内，1 处分布于老岭造山带中。

2. 预测工作区遥感异常分布特征

吉林省上甸子—七道岔地区狼山式沉积变质型硫铁矿预测工作区共提取遥感羟基异常面积 6 248 661.154 m²，其中一级异常 760 126.197 m²、二级异常 817 526.268 m²、三级异常 4 671 008.690 m²。该类异常主要分布在本预测区东南部，并与集安-松江岩石圈断裂和果松-花山断裂带，以及遥感浅色色调异常有空间关系。

吉林省上甸子—七道岔地区狼山式沉积变质型硫铁矿预测工作区共提取遥感铁染异常面积 14 533 381.16m², 其中一级异常 7 136 870.36m²、二级异常 2 226 896.15m²、三级异常 5 169 614.64m²。

铁染异常主要在本预测区东南部, 沿集安-松江岩石圈断裂和果松-花山断裂带分布, 并分布于遥感浅色色调异常区。

3. 遥感矿产预测分析

本预测区内共圈出最小预测区 7 处, 其坐标范围见表 5-4-5。矿产预测方法类型为变质型。

表 5-4-5 遥感最小预测区一览表

编号	预测区范围	面积/m²
sdqdS-Ⅰ	126°25′44″—126°29′02″, 41°40′58″—41°42′10″	4 977 700.945
sdqdS-Ⅱ	126°29′43″—126°34′33″, 41°41′26″—41°43′56″	17 160 341.24
sdqdS-Ⅲ	126°38′44″—126°43′12″, 41°44′17″—41°49′07″	35 086 906.34
sdqdS-Ⅳ	126°43′08″—126°45′53″, 41°44′39″—41°47′33″	15 992 815.6
sdqdS-Ⅴ	126°47′15″—126°49′39″, 41°45′12″—41°47′18″	10 161 980.56
sdqdS-Ⅵ	126°50′29″—126°52′33″, 41°48′08″—41°49′27″	5 342 529.58
sdqdS-Ⅶ	126°43′45″—126°52′26″, 41°53′24″—41°58′25″	32 262 239.98

sdqdS-Ⅰ: 北东向、北西向、东西向断裂交会处, 老秃顶块状构造内, 区域性规模脆韧性变形构造或构造带通过, 分布在白云质大理岩形成的带要素内, 区内为遥感浅色色调异常区, 有铁染异常分布, 有 1 个与隐伏岩体有关的环形构造。

sdqdS-Ⅱ: 北东向、北西向、东西向断裂交会处, 老秃顶块状构造内, 区域性规模脆韧性变形构造或构造带通过, 分布在白云质大理岩形成的带要素内, 区内为遥感浅色色调异常区, 有铁染异常分布, 有 2 个与隐伏岩体有关的环形构造。

sdqdS-Ⅲ: 北东向、东西向断裂多处, 老秃顶块状构造内, 区域性规模脆韧性变形构造或构造带通过, 分布在白云质大理岩形成的带要素内, 区内为遥感浅色色调异常区, 有铁染异常分布, 有 3 个与隐伏岩体有关的环形构造。临江荒沟山硫铁矿、临江银子沟西坡硫铁矿、临江迎门沟含铜硫铁矿分布于此区。

sdqdS-Ⅳ: 2 条北东向断裂穿过, 一条东西向断裂穿过, 区域性规模脆韧性变形构造或构造带通过, 分布在白云质大理岩形成的带要素内, 区内为遥感浅色色调异常区, 有铁染、羟基异常分布, 有 3 个与隐伏岩体有关的环形构造。

sdqdS-Ⅴ: 3 条北东向断裂穿过, 节理劈理断裂密集带构造通过, 区内为遥感浅色色调异常区, 有铁染、羟基异常分布, 有 4 个与隐伏岩体有关的环形构造。

sdqdS-Ⅵ: 1 条北东向断裂穿过, 节理劈理断裂密集带构造通过, 区内为遥感浅色色调异常区, 有铁染、羟基异常分布, 有 1 个与隐伏岩体有关的环形构造。

sdqdS-Ⅶ: 2 条北东向断裂穿过, 6 条北西向断裂穿过, 老秃顶块状构造内, 区域性规模脆韧性变形构造或构造带通过, 分布在白云质大理岩形成的带要素内, 区内为遥感浅色色调异常区, 有铁染、羟基异常分布, 有 8 个与隐伏岩体有关的环形构造串状分布。

第五节 自然重砂

一、技术流程

按照自然重砂基本工作流程，在矿物选取和重砂数据准备完善的前提下，根据《重砂资料应用技术要求》，应用本省1：20万重砂数据制作吉林省自然重砂工作程度图、自然重砂采样点位图，以选定的20种自然重砂矿物为对象，相应制作重砂矿物分级图、有无图、等量线图、八卦图，结合汇水盆地圈定自然重砂异常图、自然重砂组合异常图，并进行异常信息的处理。

预测工作区重砂异常图的制作仍然以吉林省1：20万重砂数据为基础数据源，以预测工作区为单位制作图框，截取1：20万重砂数据制作单矿物含量分级图，在单矿物含量分级图的基础上，依据单矿物的异常下限绘制预测工作区重砂异常图。

预测工作区矿物组合异常图是在预测工作区单矿物异常图的基础上，以预测工作区内存在的典型矿床或矿点所涉及到的重砂矿物选择矿物组合，将工作区单矿物异常空间套合较好的部分以人工方法进行圈定，制作预测工作区矿物组合异常图。

二、资料应用情况

预测工作区自然重砂基础数据主要来源于全国1：20万的自然重砂数据库。本次工作对吉林省1：20万自然重砂数据库的重砂矿物数据进行了核实、检查、修正、补充和完善，重点针对参与重砂异常计算的字段值，包括重砂总质量、缩分后质量、磁性部分质量、电磁性部分质量、重部分质量、轻部分质量、矿物鉴定结果进行核实检查，并根据实际资料进行修整和补充完善。数据评定结果质量优良，数据可靠。

三、自然重砂异常及特征分析

1. 放牛沟预测工作区

该区处在大黑山条垒的中南段，属吉林省优地槽褶皱带（Ⅱ级），石岭隆起（Ⅲ级）构造单元内。

工作区内自然景观与东部有较大差异，属台地、丘陵森林景观地带，水系不甚发育，主要分布有奥陶系放牛沟变质中酸性火山岩、碎屑岩夹大理岩，其次为志留系桃山组、石缝组板岩、变质砂岩，以及弯月组的变质火山岩。沉积岩建造主要由白垩系砂岩和第四系覆盖层构成。岩浆活动频繁，侵入体以加里东晚期的花岗闪长岩和燕山早期的花岗岩为主。北东向、北西向的次一级断裂构造发育。

工作区内分布有1处热液型多金属硫铁矿床，以及金矿点、铜铅锌矿点、铁矿点、矿化点多处。以往成矿地质背景、成矿地质条件研究表明，早古生代火山活动及中生代岩浆侵入活动与成矿关系密切。

从矿物分级图上看，自然金、白钨矿、辰砂、铜族矿物、铅族矿物等矿物含量分级较低，重砂异常弱且分散，对寻找金矿、多金属矿有指示意义。

寻找硫铁矿的直接指示矿物黄铁矿圈出3处重砂异常,面积分别为3.63km²、9.00km²、61.6km²,不规则形状。该3处异常均分布在放牛沟硫铁矿的外围区域,对典型矿床缺乏直接支持作用,是外围寻找硫铁矿的重要地段。

2. 西台子预测工作区

工作区域位于东北叠加造山-裂谷系(Ⅰ级),小兴安岭-张广才岭叠加岩浆弧(Ⅱ级),张广才岭-哈达岭火山-盆地区(Ⅲ级),南楼山-辽源火山-盆地群(Ⅳ级)大地构造单元内,属于低山、丘陵森林景观区。

区域地层主要为二叠系范家屯组火山岩建造和古近系渐新统桦甸油页岩组。其中,桦甸油页岩组下段为主要含矿层位,受向南东倾没的向斜构造控制。矿体赋存在内陆盆地强还原沉积环境下的含煤层位中,为湖相沉积型。

侵入岩主要是燕山晚期的花岗闪长岩,局部有硅化、黄铁矿化及绢云母化。组成矿物为黄铁矿、白铁矿及煤岩成分。

主要指示矿物黄铁矿圈出3处异常,含量分级较高,面积分别为7.55km²、2.42km²、4.71km²。其中,1号异常与西台子硫铁矿积极响应,具备优良的矿致性质,评定为Ⅰ级异常,是直接找矿标志。2号异常落位在水系集水口,水系上游有硫铁矿点分布,表明该异常与硫铁矿化有关,具矿致性质,对追索源头找矿有指示作用。3号异常没有矿致源响应,评定为Ⅲ级异常,但它的地质背景却是具控矿作用的桦甸油页岩组,具有优良的成矿地质条件,是未知汇水盆地找矿预测的重要异常源。

总之,工作区成矿地质条件优良,黄铁矿重砂异常比较发育,可提供重要的重砂找矿信息。

3. 倒木河-头道沟预测工作区

工作区域位于东北叠加造山-裂谷系(Ⅰ级),小兴安岭-张广才岭叠加岩浆弧(Ⅱ级),张广才岭-哈达岭火山-盆地区(Ⅲ级),南楼山-辽源火山-盆地群(Ⅳ级)大地构造单元内,属于低山、丘陵森林景观区。

区内主要出露新元古代—寒武纪变质岩夹大理岩建造及中生代侏罗纪中酸性火山碎屑岩。岩浆岩以印支期的基性—超基性岩及燕山期的中酸性岩为主,发育北东向的褶皱断裂构造,成矿与岩浆热液关系密切。永吉头道沟硫铁矿即分布在燕山期花岗岩侵入体与变质岩夹大理岩建造接触带附近的矽卡岩带内。

具备直接指示作用的黄铁矿圈出5处异常,矿物含量分级较高—较低,面积分别为9.99km²、11.35km²、3.04km²、0.6km²、0.22km²。其中,4号、5号异常分别在倒木河和头道沟硫铁矿所在水系下游,存在一定响应关系,显示直接指示意义,评定为Ⅱ级。

1号、2号、3号异常对硫铁矿不支持,它们的水系上游地质背景即为新元古代—寒武纪变质岩夹大理岩建造及燕山期的花岗岩类侵入体,显示优良的成矿地质条件。因此,可以根据1号、2号、3号重砂异常释放的找矿预测信息追索水系源头硫铁矿的矿化痕迹。

结论:黄铁矿重砂异常较发育,成矿地质条件优良,可对预测硫铁矿远景区提供重要依据。

4. 热闹-青石预测工作区

工作区位于吉南-辽东火山-盆地区,抚松-集安火山-盆地群大地构造单元内,属于通化中低山森林景观区。

区内主要出露古元古界老岭(岩)群、新元古界震旦系,以及中生界侏罗系、白垩系。其中,古元古界老岭(岩)群珍珠门岩组大理岩为主要的含矿围岩。

岩浆岩以燕山期的中酸性杂岩为主,发育北东向和北西向断裂构造。北东向的"S"形断裂构造起到控岩控矿作用,分布有集安红石砬子硫铁矿床。

黄铁矿圈出6处黄铁矿重砂异常,含量分级较高,面积分别为1.66km²、2.60km²、5.51km²、11.79km²、22.19km²、22.37km²。异常对区内的硫铁矿均不予支持。分析其地质背景可知,1号异常落位在珍珠门岩组大理岩建造构成的重砂异常场中,受北东向"S"形断裂构造控制,具备与红石砬子硫铁矿相同的成矿地质背景,是找矿有望异常。2号异常与水系源头的金矿点存在响应关系,推测2号黄铁矿重砂异常与金矿化有关,对指示硫铁矿没有意义。3号异常分布在红石砬子硫铁矿相邻的汇水盆地,在同一成矿地质背景下,可成为红石砬子硫铁矿外围的重要预测区段。4号、5号异常分布在集安硼矿带中,异常的形成与硼矿有关,指示高温热液的成矿地质环境。6号异常控制的汇水区域分布有铁矿点,异常是铁矿化系统中的伴生产物,与硫铁矿无关。

结论:该工作区是预测评价硫铁矿的重要区域,根据黄铁矿重砂异常特征,结合成矿地质条件能够推测硫铁矿的有利找矿远景区。

5. 上甸子-七道岔预测工作区

工作区位于吉南-辽东火山-盆地区,抚松-集安火山-盆地群大地构造单元内,属于通化中低山森林景观区。

区内主要出露古元古界老岭(岩)群、新元古界震旦系,以及中生界侏罗系、白垩系。其中,古元古界老岭(岩)群珍珠门岩组大理岩为主要的含矿围岩。

岩浆岩以燕山期的中酸性杂岩为主,发育北东向和北西向断裂构造。北东向的"S"形断裂构造起到控岩控矿作用。

分布的硫铁矿产有荒沟山硫铁矿、迎门岔硫铁矿及珍珠门硫铁矿。

黄铁矿重砂异常圈出1处Ⅲ级异常,含量分级较高,面积为3.81km²。没有矿致源响应,对典型矿床不支持,对硫铁矿的找矿指示作用有限。

第六章　矿产预测

第一节　矿产预测方法类型及预测模型区选择

一、矿产预测方法类型选择

根据预测硫铁矿的成因类型选择预测方法类型如下：

(1) 与早古生代浅变质中酸性火山岩-碳酸盐岩-碎屑岩建造受岩浆热液改造有关的火山岩型硫铁矿，代表性的矿床为伊通放牛沟多金属硫铁矿床。选择预测方法类型为火山岩型。

(2) 与新生代湖泊相沉积的含煤岩系有关的湖相沉积型硫铁矿，代表性的矿床为桦甸西台子硫铁矿床。选择预测方法类型为沉积型。

(3) 与早古生代中基性火山岩-碎屑岩建造受岩浆热液充填交代有关的矽卡岩型硫铁矿，代表性的矿床为永吉头道沟硫铁矿床。选择预测方法类型为层控内生型。

(4) 与古元古代海相碳酸盐建造受变质热液再造有关的硫铁矿，代表性的矿床为临江荒沟山硫铁矿床。选择预测方法类型为变质型。

二、预测模型区的选择

选择根据典型矿床所在的最小预测区，无典型矿床的预测工作区选择成矿时代相同或相近、控矿建造相同或相近、成因类型相同、大地构造位置相同的其他预测工作区作为模型区。

第二节　矿产预测模型与预测要素图编制

一、典型矿床预测模型

根据吉林省硫矿产预测方法类型确定 4 个典型矿床，全面开展硫铁矿特征研究。

1. 伊通县放牛沟多金属硫铁矿

根据典型矿床成矿要素和地球物理、地球化学、遥感特征、重砂特征,确立典型矿床预测要素,见表 6-2-1。

表 6-2-1　伊通县放牛沟多金属硫铁矿床预测要素表

预测要素		内容描述	预测要素类别
地质条件	岩石类型	奥陶系放牛沟白色大理岩夹条带状大理岩、片理化安山岩、片理化流纹岩,绢云石英片岩夹大理岩透镜体;海西早期花岗岩	必要
	成矿时代	成矿年龄为 306.4~290Ma,为海西期	必要
	成矿环境	海西早期花岗岩体与早古生代火山-沉积岩系的接触带,放牛沟白色大理岩夹条带状大理岩为主要赋矿层位	必要
	构造背景	位于天山-兴蒙-吉黑造山带(Ⅰ),小兴安岭-张广才岭弧盆系(Ⅱ),小顶子-张广才-黄松裂陷槽(Ⅲ),大顶子-石头口门上叠裂陷盆地(Ⅳ)内,四平-德惠断裂带和伊通-伊兰断裂带之间,大黑山隆起带的中心部位	重要
矿床特征	控矿条件	放牛沟组大理岩、片理化安山岩及安山质凝灰岩在热液的作用下易产生矽卡岩化,形成以充填交代作用为主的矿体。 近东西向放牛沟-前庙岭斜冲断裂带既是控矿构造,亦是控岩构造,矿体及原生晕异常分布于该断裂两侧次级层间构造破碎带、裂隙带内。 岩浆活动控矿作用表现为海西早期同熔型后庙岭花岗岩与上奥陶统放牛沟火山-沉积岩系接触带及其外侧 200m 范围内,以花岗岩为中心,矿床及其原生晕在空间上、时间上、物质组分上分带性十分明显	必要
	蚀变特征	围岩蚀变主要有青磐岩化、绿泥石化、绿帘石化、黝帘石化、硅化、绢云母化、萤石化、闪石化、黄铁矿化等。在岩体接触带附近石榴石-透辉石或透闪石矽卡岩及碳酸盐化发育,并伴有黄铁矿化,大理岩中的纹层状黄铁矿大多形成以绿泥石化为主的蚀变	重要
	矿化特征	矿体严格受构造控制,主要赋存于近东西向压性破碎带中,其产状为走向 70°~100°,倾向南,倾角 35°~70°。矿体在含矿破碎带中成群分布,在平面、剖面上呈密集平行排列,尖灭再现,舒缓波状。含矿带长 1 700m,宽 150~400m,发现 9 个矿组、41 条矿体。规模较大、矿石类型较全的有 3 号矿组的 3-1 号、3-2 号矿体,9 号矿组的 9-4 号、9-6 号、9-7 号矿体,7 号矿组的 7-4 号、7-5 号矿体,2 号矿组的 2-1 号矿体	重要

续表 6-2-1

预测要素		内容描述	预测要素类别
综合信息	地球化学	没有 S 元素的化探异常信息	重要
	地球物理	在1:25万布格重力异常图上,放牛沟多金属硫铁矿床处在火主岑-刘房子-陶家屯-范家屯与靠山镇-莫里青-乐山-大南两条近平行北东走向区域性重力梯度带之间夹持的长轴呈北东向椭圆状重力高异常东南侧梯度带南段,以重力零等值线圈定,异常长约28km,宽约10km,异常等值线匀称规律,极大值位于异常北东段,最高达14×10^{-5} m/s²。在剩余重力异常图上,处在乐山剩余重力高异常南东侧之北东向梯度带与东西向梯度带转换部位。北西和南东侧重力梯度带分别是四平-长春-榆树和伊通-舒兰两条区域深大断裂构造带的反映,重力高异常边缘梯度带,尤其重力梯度弯曲变异处是成矿有利部位,是找矿重要地球物理标志。 在1:5万航磁异常图上,放牛沟多金属硫铁矿床处在由4个似圆形磁力高异常组成的东西向展布串珠状异常带上。东半部吉C-1989-98号中间异常规模和强度要大于东、西两侧异常,南北长约500m,东西宽约400m,异常曲线较对称,北侧梯度略大于南侧,异常最高值为600nT,属放牛沟多金属硫铁矿床所引起	重要
	重砂	矿床所在区域黄铁矿重砂异常发育,矿物含量分级高,面积大,对预测硫铁矿有直接指示作用	重要
	遥感	2条北西向断裂穿过,3条北东向断裂穿过,有5个与隐伏岩体有关的环形构造呈串珠状分布	次要
找矿标志		海西早期花岗岩体与早古生代火山-沉积岩系的接触带是成矿的有利空间;区域上的青磐岩化、绿泥石化、绿帘石化、黝帘石化、硅化、绢云母化、萤石化、闪石化、黄铁矿化等,是区域上的找矿标志;在岩体接触带附近石榴石-透辉石或透闪石矽卡岩及碳酸盐化发育,并伴有黄铁矿化,大理岩中的纹层状黄铁矿大多形成以绿泥石化为主的蚀变,是矿体的直接找矿标志	重要

2. 桦甸市西台子硫铁矿

根据典型矿床成矿要素和地球物理、地球化学、遥感特征、重砂特征,确立典型矿床预测要素,见表 6-2-2。

表 6-2-2 桦甸市西台子硫铁矿床预测要素表

预测要素		内容描述	预测要素类别
地质条件	岩石类型	古近系桦甸组含砾粗砂岩、中细粒砂岩、细砂岩、粉砂质泥岩、页岩、碳质页岩、黏土岩夹油页岩、褐煤、薄层石膏和硫铁矿	必要
	成矿时代	燕山晚期	必要
	成矿环境	矿床位于北东-南西向桦甸地堑向斜西北边缘,受周家屯-仁义屯长倾没向斜构造控制;矿体赋存在褶皱构造两翼的桦甸组下部含硫铁矿岩段	必要
	构造背景	矿床位于东北叠加造山-裂谷系(Ⅰ),小兴安岭-张广才岭叠加岩浆弧(Ⅱ),张广才岭-哈达岭火山-盆地区(Ⅲ),南楼山-辽源火山-盆地群(Ⅳ)	重要

续表 6-2-2

	预测要素	内容描述	预测要素类别
矿床特征	控矿条件	沿深大断裂发育的中生代—新生代地堑盆地是成矿的有利空间。地层与岩相条件对矿床生成非常重要,强还原环境下封闭或半封闭的水盆地内堆积形成的桦甸组沼泽湖泊相碎屑岩含煤和油页岩沉积建造为主要的含矿层位	必要
	蚀变特征	主要有硅化、绿泥石化、绿帘石化、绢云母化、高岭土化、黄铁矿化等	重要
	矿化特征	矿体赋存在褶皱构造两翼的桦甸组下部含硫铁矿岩段,规模较大,在含矿层内呈层状连续分布,矿体长5km左右,厚度自数十厘米至1m,沿倾斜延深173～650m。矿体走向338°～98°,倾角一般均缓,两侧较陡,上段倾角20°～45°,下段倾角15°～30°,中部平缓,为5°～15°。矿体分布较为规律,连续稳定,但在局部变化较大,有尖灭再现现象;矿石由黄铁矿、白铁矿与褐煤及碳质岩等组成,有结核状及散染状两种类型,结核状矿石含硫35%以上,散染状矿石含硫5%	重要
综合信息	地球化学	没有S元素的化探异常信息	重要
	地球物理	在1:25万布格重力异常图上,西台子硫铁矿床位于桦甸附近北东东走向短柱状重力低异常西侧边部密集梯度带的转折端,局部重力低异常西宽东窄,长10.4km,平均宽5.1km,最小值为-44×10^{-5} m/s²,其北西、南东两侧及西南端梯度带陡,北、西、南三面重力高异常带围绕,向东与规模较大的北东走向条带状重力低异常带相连。重力低异常区对应桦甸盆地范围,出露古近系渐新统桦甸油页岩组和全新世地层,前者为含矿地层。外围重力高异常带主要为上二叠统大河深组、下二叠统窝瓜地组等引起。 在1:5万航磁异常图上,西台子硫铁矿床位于强度小于20nT的北东走向微弱正磁异常带的东南边部,其外侧负磁异常区由北西到南东方向强度逐渐降低。负磁异常区为桦甸盆地、桦南盆地内古近系渐新统和第四系全新统沉积地层的反映。正磁异常与下二叠统窝瓜地组中酸性火山岩及燕山期酸性侵入体有关。经过北台子的北东走向异常梯度带推断为盆地边缘的断裂构造带。桦甸盆地边部的古近系渐新统桦甸油页岩组处于负磁异常区边部梯度带附近,是寻找桦甸油页岩组中硫铁矿床的有利地段	重要
	重砂	主要指示矿物黄铁矿重砂异常发育,含量分级较高,面积为7.55km²。该异常与西台子硫铁矿积极响应,具备优良的矿致性质,评定为Ⅰ级异常,是直接找矿标志	重要
	遥感	上火龙环形构造边部,东西向东辽-桦甸断裂带与北西向桦甸-蛟河断裂带交会。矿区内及周围遥感铁染异常分布	次要
找矿标志		区域上沿深大断裂发育的中生代地堑盆地是成矿的有利空间,新生代湖泊相沉积的含煤岩系是主要的找矿标志	重要

3. 永吉县头道沟硫铁矿

根据典型矿床成矿要素和地球物理、地球化学、遥感特征、重砂特征，确立典型矿床预测要素，见表 6-2-3。

表 6-2-3 永吉县头道沟硫铁矿床预测要素表

预测要素		内容描述	预测要素类别
地质条件	岩石类型	岩性主要为砂质板岩、碳质板岩、斜长角闪岩、角闪片岩、透闪-阳起角岩、黑云母硅质角岩、变质砂岩、浅粒岩、变粒岩；燕山晚期花岗岩	必要
	成矿时代	燕山期	必要
	成矿环境	燕山晚期花岗岩体与早古生代火山-沉积岩系的外接触带，呼兰（岩）群头道岩组斜长角闪岩段为主要的赋矿层位	必要
	构造背景	矿床位于东北叠加造山-裂谷系（Ⅰ），小兴安岭-张广才岭叠加岩浆弧（Ⅱ），张广才岭-哈达岭火山-盆地区（Ⅲ），南楼山-辽源火山-盆地群（Ⅳ）	重要
矿床特征	控矿条件	地层的控矿作用：矿体均赋存于头道岩组中段斜长角闪岩段，成矿围岩是经过区域变质和角岩化的泥质岩石、火山碎屑岩及中基性火山岩类，在热液的作用下易产生矽卡岩化，形成以充填交代作用为主的矿体。 断裂构造的控制作用：区域性口前-小城子断裂是主要的控矿构造，矽卡岩带及矿体分布于该断裂两侧次级北东向层间构造破碎带、裂隙带，含矿溶液沿构造薄弱带交代充填，形成矽卡岩带及矿体。 岩浆活动的控矿作用：矿床的形成与矿区南东刘家屯燕山期花岗岩-花岗闪长岩-闪长岩系列杂岩体和下古生界呼兰（岩）群头道岩组火山-沉积变质岩系接触交代及顺层交代有关，特别是它的边缘相闪长岩为成矿母岩	必要
	蚀变特征	主要有矽卡岩化、硅化、碳酸盐化、黄铁矿化，其次有绿泥石化、绿帘石化、黝帘石化、绢云母化、闪石化	重要
	矿化特征	矿床由 8 条矿体组成，各矿体基本互相平行排列，在垂直方向上大致呈斜列式排列；矿床东西延长 600m，宽 50～100m，控制深度 280～400m，单个矿体长 50～480m，厚 3～14m，矿体走向呈北东 70°，倾角 60°～75°，矿体形态大致呈似脉状、扁豆状和透镜状，在纵向上，上部矿体形态复杂，分支多，品位较低；而下部矿体形态相对较完整，夹石少，品位较高；在横向上，矿床西段矿体形态简单，夹石少，品位较高；而东段矿体形态较复杂，分支多，品位较低	重要

续表 6-2-3

预测要素		内容描述	预测要素类别
综合信息	地球化学	没有 S 元素的化探异常信息	重要
	地球物理	在 1∶25 万布格重力异常图上,头道沟硫铁矿床位于前撮落-头道沟-刘家沟重力高异常南东边部等值线密集带的内侧,异常呈扁豆状,主体部分位于前撮落与头道沟之间,呈北东东走向,处于北东向分布的侏罗系南楼山组中性—酸性火山岩区,最大值为 -23×10^{-5} m/s², 推断为隐伏的下古生界引起。头道沟向东到刘家沟一带,异常强度降低,表现为向东伸出的次一级异常,最大值为 -25×10^{-5} m/s², 出露有下古生界呼兰(岩)群头道岩组及 4 处晚二叠世超基性岩体,次一级异常的北、东、南边缘等值线密集围绕,梯度陡,推断为头道岩组与侏罗纪中酸性侵入体在深部的接触界线。弧形梯度带南、东外侧重力低异常为侏罗纪中酸性侵入岩体引起。 在 1∶5 万航磁异常图上,头道沟硫铁矿床位于刘家沟西部强正磁异常带北侧边缘零等值线附近,该正磁异常带北侧到西侧同样有一"厂"字形负磁异常带紧密相伴。正磁异常带上有 4 处明显的局部强磁异常分布,最大强度达 1 850nT。负磁异常带在矿床附近,异常最小值为 -470 nT。强正磁异常主要为超基性岩体异常引起,硫铁矿体仅能引起中等强度的磁异常;只能进一步开展大比例尺地磁、激电等物探方法进行剥离,进而划分出硫铁矿化带异常和超基性岩体异常的相应位置。负磁异常为头道岩组地层与超基性岩体斜磁化或剩磁方向反转综合影响所致	重要
	重砂	在倒木河和头道沟硫铁矿所在水系下游,可圈出两处黄铁矿重砂异常,这两处异常与典型矿床存在一定响应关系,具有直接指示意义	重要
	遥感	柳河-吉林断裂带穿过,并有 2 个与隐伏岩体有关的环形构造,有 2 个与基性岩体有关的环形构造。区内为遥感浅色色调异常区,有高度集中的铁染、羟基异常分布	次要
找矿标志		燕山晚期花岗岩体与下古生界呼兰(岩)群头道岩组的接触带是成矿的有利空间;区域上的矽卡岩化、硅化、碳酸盐化、黄铁矿化及绿泥石化、绿帘石化、黝帘石化、绢云母化、闪石化等是区域上的找矿标志;在岩体接触带附近石榴石-透辉石或绿帘石-角闪石矽卡岩及碳酸盐化发育,并伴有黄铁矿化,是矿体的直接找矿标志	重要

4. 临江市荒沟山硫铁矿

根据典型矿床成矿要素和地球物理、地球化学、遥感特征、重砂特征,确立典型矿床预测要素,见表 6-2-4。

表 6-2-4 临江市荒沟山硫铁矿床预测要素表

预测要素		内容描述	预测要素类别
地质条件	岩石类型	主要为白云石大理岩、条带状大理岩、滑石大理岩、眼球状大理岩、透闪石大理岩、燧石大理岩、角砾状大理岩及角闪片岩和绿泥片岩	必要
	成矿时代	前寒武纪	必要
	成矿环境	矿床位于荒沟山"S"形断裂带中部；区域北北东及其次级的一组断裂构造为主要的控矿和容矿构造；老岭（岩）群珍珠门岩组白云石大理岩层为主要的赋矿层位	必要
	构造背景	矿床位于前南华纪华北东部陆块（Ⅱ），胶辽吉古元古代裂谷带（Ⅲ），老岭隆起	重要
矿床特征	控矿条件	地层和岩性控矿：荒沟山硫铁矿床及其他铅锌矿床（点）主要赋存在古元古界老岭（岩）群珍珠门岩组中层—薄层—微层硅质及碳质条带状或含燧石结核的白云石大理岩夹滑石大理岩及透闪石大理岩中，矿化具有明显的层位性。 岩相古地理环境和生物的控制作用：荒沟山铅锌矿床的硫同位素 δ^{34}S 均为较大的正值，表明硫化物中的硫属于生物成因硫，且反映是在一个封闭或半封闭的浅海湾或潟湖相中硫酸盐补给不足的条件下形成的。薄层—微层条带状白云石大理岩与中—厚层白云石大理岩成互层状并夹有泥质碎屑岩变质而成的片岩，反映矿床所处部位位于后礁相的古地理环境。 构造控制作用：矿床受区域北北东向及其次级的一组断裂构造控制，是典型受压扭性层间破碎带控制的后生矿床。黄铁矿脉是在岩层发生褶皱时沿大理岩或片岩的层理或挠曲部位发生的张性层间剥离构造充填而成，之后又发生层间的挤压运动，黄铁矿脉被破碎，铅锌矿化叠加在黄铁矿脉之上。构造的控矿作用还表现在，由压扭性作用造成的围岩次级张性层间剥离和挠曲的地段，矿体厚度大，往往成为硫铁矿、铅锌富矿体所在部位	必要
	蚀变特征	围岩蚀变主要有滑石化、硅化、透闪石化、白云石化、蛇纹石化、黄铁矿化，其次有绿泥石化、绿帘石化、碳酸盐化、钠长石化、绢云母化等；其中，以黄铁矿化、硅化、滑石化及透闪石化与成矿的关系比较密切，此外，透闪石化与黄铁矿化相伴出现亦为寻找黄铁矿体的重要标志	重要
	矿化特征	荒沟山硫铁矿床内已发现矿体 60 条，其中黄铁矿体 49 条、闪锌矿体 9 条、方铅矿体 2 条，组成了一个北东-南西向的中央矿带，长 1 500m 左右，各矿体或矿脉之间在平面上和剖面上均呈雁行式排列，具有尖灭侧现或尖灭再现特点，矿体长 120～360m，宽 0.1～5m，矿体为变化不大的脉状矿体，黄铁矿体为稍大的透镜体，而方铅矿体则常为不规则的囊状，矿体规模一般不大，综合矿体的倾斜延深一般大于走向长度	重要

续表 6-2-4

预测要素		内容描述	预测要素类别
综合信息	地球化学	没有 S 元素的化探异常信息	重要
	地球物理	在 1:25 万布格重力异常图上,荒沟山硫铁矿床位于七道沟-临江老岭背斜基底隆起形成的相对布格重力高异常带在东部二道河子附近由北东向转为东西向的转折部位局部重力高异常北侧边缘,同时也是老秃顶子及草山似斑状黑云母花岗岩体局部重力低异常西南边部弧形梯度带的顶部位置。局部重力高异常近等轴状,直径约 5.3km,最大值为 $-34\times10^{-5}m/s^2$,为老岭(岩)群引起,其中珍珠门岩组大理岩为硫铁矿含矿层位。 在 1:5 万航磁异常剖面平面图和等值线平面图上,荒沟山硫铁矿床位于老秃顶子岩体产生的等轴状正磁异常的东南部 100nT 等值线上。该处等值线梯度比内、外两侧略陡,呈向东南凸起的弧形,推断为老秃顶子岩体在深部局部南倾与珍珠门岩组的接触界线	重要
	重砂	圈定的黄铁矿异常没有矿致源响应,对典型矿床不支持,可用于矿床外围硫铁矿的寻找	重要
	遥感	北东向、东西向断裂多处,老秃顶块状构造内,区域性规模脆韧性变形构造或构造带通过,分布在白云质大理岩形成的带要素内,区内为遥感浅色色调异常区,有铁染异常分布,有一个与隐伏岩体有关的环形构造	次要
找矿标志		珍珠门岩组中的薄层—微层硅质或碳质条带状或含燧石结核的白云石大理岩是形成和寻找硫铁矿、铅锌矿等硫化物矿床的最有利岩层。 压扭性层间破碎带或其邻近地段是硫铁矿、铅锌矿化的有利场所;可利用氧化带铁帽中的 Zn、Pb、As、Cd、Sb、Hg 等元素含量判断原生硫化物矿体类型。 化探 Pb、Zn、As、Sb、Cd、Hg 异常的存在。 物探高阻高激化异常	重要

二、模型区深部及外围资源潜力预测

(一)典型矿床已查明资源储量及其估算参数

1. 海相火山岩型:典型矿床为伊通县放牛沟多金属硫铁矿床

查明资源储量:放牛沟多金属硫铁矿以往工程控制实际查明的并且已经在储量登记表中上表的全部资源储量。

面积:典型矿床所在区域经 1:1 万地质填图确定的勘探评价区,并经山地工程验证的矿体、矿带聚集区段边界范围为 462 764.56m²。根据构造及脉岩推测含矿层位的平均倾角为 60°。

延深：矿床勘探控制矿体的最大延深为400m。

品位、体重：矿区矿石平均品位16.0%，体重3.72。

体积含矿率：体积含矿率＝查明资源储量/（面积×sinα×延深），其中α为含矿层位的平均倾角，计算得出放牛沟多金属硫铁矿床体积含矿率为0.000 071。

2. 湖相沉积型：典型矿床为桦甸市西台子硫铁矿床

查明资源储量：西台子硫铁矿以往工程控制实际查明的并且已经在储量登记表中上表的全部资源储量。

面积：典型矿床所在区域经1∶1万地质填图确定的勘探评价区，并经山地工程验证的矿体、矿带聚集区段边界范围为582 998.86m^2。根据构造及脉岩推测含矿层位的平均倾角为20°。

延深：矿床勘探控制矿体的最大延深为650m。

品位、体重：矿区矿石平均品位14.24%，体重2.10。

体积含矿率：体积含矿率＝查明资源储量/（面积×sinα×延深），其中α为含矿层位的平均倾角，计算得出西台子硫铁矿床体积含矿率为0.000 005 67。

3. 矽卡岩型：典型矿床为永吉县头道沟硫铁矿床

查明资源储量：头道沟硫铁矿以往工程控制实际查明的并且已经在储量登记表中上表的全部资源储量。

面积：典型矿床所在区域经1∶1万地质填图确定的勘探评价区，并经山地工程验证的矿体、矿带聚集区段边界范围为226 711.89m^2。根据构造及脉岩推测含矿层位的平均倾角为60°。

延深：矿床勘探控制矿体的最大延深为400m。

品位、体重：矿区矿石平均品位19.75%，体重3.70。

体积含矿率：体积含矿率＝查明资源储量/（面积×sinα×延深），其中α为含矿层位的平均倾角，计算得出头道沟硫铁矿床体积含矿率为0.000 019 2。

4. 海相沉积变质型：典型矿床为临江市荒沟山硫铁矿床

查明资源储量：荒沟山硫铁矿以往工程控制实际查明的并且已经在储量登记表中上表的全部资源储量。

面积：典型矿床所在区域经1∶1万地质填图确定的勘探评价区，并经山地工程验证的矿体、矿带聚集区段边界范围为1 406 600.87m^2。根据构造及脉岩推测含矿层位的平均倾角为70°。

延深：矿床勘探控制矿体的最大延深为320m。

品位、体重：矿区矿石平均品位29.14%，体重2.50。

体积含矿率：体积含矿率＝查明资源储量/（面积×sinα×延深），其中α为含矿层位的平均倾角，计算得出荒沟山硫铁矿床体积含矿率为0.000 000 53。

各预测工作区典型矿床预测资源量估算参数见表6-2-5。

表6-2-5　预测工作区典型矿床预测资源量估算参数表

编号	名称	面积/m^2	垂深/m	品位/%	体重	体积含矿率
1	伊通放牛沟多金属硫铁矿	462 764.56	350	16.0	3.72	0.000 011 4
2	桦甸西台子硫铁矿	582 998.86	200	14.24	2.10	0.000 005 67
3	永吉头道沟硫铁矿	226 711.89	350	19.75	3.70	0.000 019 2
4	临江荒沟山硫铁矿	1 406 611.87	300	29.14	2.50	0.000 000 53

(二)典型矿床深部及外围预测资源量及其估算参数

1. 典型矿床深部及外围预测资源量

(1)海相火山岩型:该类型的典型矿床为伊通县放牛沟多金属硫铁矿床。矿体沿倾向最大延深400m,矿体倾角60°,实际垂深350m。该含矿层位在区域上厚度为1 238.78~1 587.13m,根据含矿层位的产状、走向、延深推断,该套地层和矿体在800m深度仍然存在,所以本次对该矿床的深部预测垂深选择800m,矿床深部预测实际深度为450m,面积仍然采用原矿床含矿的最大面积,预测其深部资源量,应用预测资源量=面积×延深×体积含矿率,结果见表6-2-6。

(2)湖相沉积型:该类型的典型矿床为桦甸市西台子硫铁矿床。矿体沿倾向最大延深650m,矿体倾角20°,实际垂深200m。该含矿层位在区域上厚度大于870.0m,沉积矿产的最大深度即可视为含矿层位厚度,根据含矿层位的产状、走向、延深推断,该套地层和矿体在500m深度仍然存在,所以本次对该矿床的深部预测垂深选择500m,矿床深部预测实际深度为300m,面积仍然采用原矿床含矿的最大面积,预测其深部资源量,应用预测资源量=面积×延深×体积含矿率,结果见表6-2-6。

(3)矽卡岩型:该类型的典型矿床为永吉县头道沟硫铁矿床。矿体沿倾向最大延深400m,矿体倾角60°,实际垂深350m。该含矿层位在区域上厚度大于1 628.1m,根据该含矿层位在区域上的产状、走向、延深推断,该套地层和矿体在1 000m深度仍然存在,所以本次对该矿床的深部预测垂深选择1 000m。矿床深部预测实际深度为650m。面积仍然采用原矿床含矿的最大面积,预测其深部资源量,应用预测资源量=面积×延深×体积含矿率,结果见表6-2-6。

(4)海相沉积变质型:该类型的典型矿床为临江市荒沟山硫铁矿床。矿体沿倾向最大延深320m,矿体倾角70°,实际垂深300m。该含矿层位在区域上厚度为952.2m,根据该含矿层位在区域上的产状、走向、延深推断,该套地层和矿体在800m深度仍然存在,所以本次对该矿床的深部预测垂深选择800m。矿床深部预测实际深度为500m。面积仍然采用原矿床含矿的最大面积,预测其深部资源量,应用预测资源量=面积×延深×体积含矿率,结果见表6-2-6。

表6-2-6 预测工作区典型矿床深部预测资源量表

编号	名称	预测资源量/kt		面积/m²	垂深/m	体积含矿率
		矿石量	金属量			
A2219401001001	放牛沟多金属硫铁矿	2 373.98		462 764.56	450	0.000 011 4
A2219101010010	西台子硫铁矿	991.68		582 998.86	300	0.000 005 67
A2219501004004	头道沟硫铁矿	2 829.36		226 711.89	650	0.000 019 2
A2219301006006	荒沟山硫铁矿	372.75		1 406 611.87	500	0.000 000 53

2. 典型矿床总资源量

海相火山岩型放牛沟预测工作区典型矿床总资源量、湖相沉积型西台子预测工作区典型矿床总资源量、矽卡岩型倒木河-头道沟预测工作区典型矿床总资源量和海相沉积变质型上甸子-七道岔预测工作区典型矿床总资源量见表6-2-7。

表 6-2-7 预测工作区典型矿床总资源量表

编号	名称	预测资源量/kt	总资源量/kt	总面积/m²	总垂深/m	含矿系数/kt·m⁻³
A2219401001001	放牛沟多金属硫铁矿	2 373.98		462 764.56	800	0.000 011 4
A2219101010010	西台子硫铁矿	991.68		582 998.86	500	0.000 005 67
A2219501004004	头道沟硫铁矿	2 829.36		226 711.89	1 000	0.000 019 2
A2219301006006	荒沟山硫铁矿	372.75		1 406 611.87	800	0.000 000 53

(三)模型区预测资源量及估算参数确定

模型区是指典型矿床所在的最小预测区,它所预测资源量为该典型矿床已探明资源量和预测资源量之和,面积指典型矿床及其周边矿点、矿化点,考虑含矿建造及 S 元素化探异常加以人工修正后的最小预测区面积。延深为模型区内典型矿床的总延深,即最大预测深度。模型区建立在 1∶5 万的预测工作区内,它的预测资源量及估算参数见表 6-2-8。

表 6-2-8 模型区预测资源量及其估算参数

预测工作区	编号	名称	模型区预测资源量/kt	模型区面积/m²	延深/m	含矿地质体面积/m²	含矿地质体面积参数
放牛沟预测工作区	A2219401001	锦山村放牛沟式海相火山岩型 A 类最小预测区	2 726.71	7 255 000	800	462 764.56	0.069
西台子预测工作区	A2219101010	北台子西台子式湖相沉积型 A 类最小预测区	585.41	6 660 000	500	582 998.86	0.066
倒木河-头道沟预测工作区	A2219501004	刘家沟头道沟式矽卡岩型 A 类最小预测区	2 681.01	15 300 000	1 000	226 711.89	0.014 3
上甸子-七道岔预测工作区	A2219301006	大松树狼山式沉积变质型 A 类最小预测区	2 010.58	54 857 500	800	1 406 611.87	0.096

三、预测工作区预测模型

根据典型矿床预测模型、预测工作区成矿要素及成矿模式、地球物理、地球化学、遥感特征、重砂特征,确立预测工作区预测模型。

1. 放牛沟预测工作区

根据放牛沟预测工作区区域成矿要素和地球化学、地球物理、遥感特征、重砂特征,确立了区域预测要素,见表6-2-9。

表6-2-9 伊通放牛沟地区放牛沟式海相火山型硫铁矿预测要素

预测要素		内容描述	类别
地质条件	岩石类型	白色大理岩、条带状大理岩、片理化安山岩、片理化流纹岩、绢云石英片岩、花岗岩	必要
	成矿时代	海西期	必要
	成矿环境	区域上近东西向放牛沟-前庙岭斜冲断裂带为控矿构造,也是控岩构造,该断裂两侧次级层间构造破碎带、裂隙带是矿床产出的有利部位	必要
	构造背景	天山-兴蒙-吉黑造山带(Ⅰ),大兴安岭弧形盆地(Ⅱ),锡林浩特岩浆弧(Ⅲ),白城上叠裂陷盆地(Ⅳ)	重要
矿床特征	控矿条件	区域上受近东西向放牛沟-前庙岭斜冲断裂带控制,为控岩构造,该断裂两侧次级层间构造破碎带、裂隙带是容矿构造。大理岩、片理化安山岩及安山质凝灰岩控矿。海西早期同熔型花岗岩为控矿岩体	必要
	矿化蚀变	青磐岩化、绿泥石化、绿帘石化、黝帘石化、硅化、绢云母化、萤石化、闪石化、黄铁矿化等	重要
综合信息	地球化学	没有S元素的化探异常信息	重要
	地球物理	放牛沟多金属硫铁矿床处在乐山剩余重力高异常南东侧之北东向梯度带与东西向梯度带转换部位,下古生界含矿变质岩系引起的重力高异常边缘梯度带,尤其重力梯级弯曲变异处是成矿的有利部位。放牛沟多金属硫铁矿床处在较平稳背景场上呈现出的有规律的中等强度航磁异常之上,是本区直接寻找同类型矿床的磁异常标志	重要
	重砂	直接指示矿物黄铁矿圈重砂异常,均分布在放牛沟硫铁矿的外围区域,对典型矿床缺乏直接支持作用,对外围硫铁矿的寻找有指示意义	次要
	遥感	矿区位于四平-德惠岩石圈断裂南部,分布在北西向伊通-辉南断裂带与东西向南崴子-马鞍山断裂交会部位,有多个与隐伏岩体有关的环形构造沿北东向呈串状分布	次要
找矿标志		海西早期花岗岩体与早古生代火山-沉积岩系的接触带是成矿的有利空间;矽卡岩化及碳酸盐化发育,绿泥石化蚀变是矿体的直接找矿标志	重要

2. 西台子预测工作区

根据西台子预测工作区区域成矿要素和地球化学、地球物理、遥感特征、重砂特征,确立了区域预测要素,见表6-2-10。

表6-2-10 桦甸西台子地区西台子式湖相沉积型硫铁矿预测要素

预测要素		内容描述	预测要素类别
地质条件	岩石类型	含砾粗砂岩、中细粒砂岩、细砂岩、粉砂质泥岩、页岩、碳质页岩、黏土岩夹油页岩、褐煤、薄层石膏和硫铁矿	必要
	成矿时代	燕山晚期	必要
	成矿环境	矿床位于北东-南西向桦甸地堑向斜西北边缘,受周家屯-仁义屯长倾没向斜构造控制;矿体赋存在褶皱构造两翼的桦甸组下部含硫铁矿岩段	必要
	构造背景	东北叠加造山-裂谷系(Ⅰ),小兴安岭-张广才岭叠加岩浆弧(Ⅱ),张广才岭-哈达岭火山-盆地区(Ⅲ),南楼山-辽源火山-盆地群(Ⅳ)	重要
矿床特征	控矿条件	北东向向斜构造带控矿; 桦甸组(含油)页岩地层控矿	必要
	矿化蚀变	硅化、绿泥石化、绿帘石化、绢云母化、高岭土化、黄铁矿化	重要
综合信息	地球化学	没有S元素的化探异常信息	重要
	地球物理	西台子硫铁矿床位于桦甸附近北东东走向短柱状重力低异常西侧边部密集梯度带的转折端。桦甸局部重力低异常区对应桦甸盆地范围,出露古近系渐新统桦甸油页岩组和全新世地层,前者为含矿地层。外围重力高异常带主要为上二叠统大河深组、下二叠统窝瓜地地层引起。 桦甸盆地边部的古近系渐新统桦甸油页岩组处于负磁异常区边部梯度带附近,是桦甸油页岩组中寻找沉积型硫铁矿床的有利地段	重要
	重砂	圈出的黄铁矿重砂异常对西台子硫铁矿积极支持,是矿致重砂异常,具直接指示作用。分布在矿床外围的黄铁矿异常对外围预测有一定意义	次要
	遥感	敦化-密山岩石圈断裂南边部与桦甸-双河镇断裂带交会,有与隐伏岩体有关的环形构造沿北西向展布。矿区内及周围遥感铁染异常零星分布	次要
找矿标志		碎屑岩-有机质泥岩; 北东向向斜构造带	重要

3. 倒木河-头道沟预测工作区

根据倒木河-头道沟预测工作区区域成矿要素和地球化学、地球物理、遥感特征、重砂特征,确立了区域预测要素,见表6-2-11。

表 6-2-11　倒木河—头道沟地区头道沟式矽卡岩型硫铁矿预测要素表

预测要素		内容描述	类别
地质条件	岩石类型	砂质板岩、碳质板岩、斜长角闪岩、角闪片岩、透闪-阳起角岩、黑云母硅质角岩、变质砂岩、浅粒岩、变粒岩、花岗岩	必要
	成矿时代	燕山期	必要
	成矿环境	燕山晚期花岗岩体与早古生代火山-沉积岩系的外接触带为主要的赋矿层位。北东向是主要的控矿和储矿构造	必要
	构造背景	东北叠加造山-裂谷系(Ⅰ),小兴安岭-张广才岭叠加岩浆弧(Ⅱ),张广才岭-哈达岭火山-盆地区(Ⅲ),南楼山-辽源火山-盆地群(Ⅳ)	重要
矿床特征	控矿条件	北东向是主要的控矿和储矿构造; 中酸性侵入岩控矿; 寒武系头道岩组火山沉积碎屑岩-泥质岩控矿	必要
	矿化蚀变	矽卡岩化、硅化、碳酸盐化、黄铁矿化,其次有绿泥石化、绿帘石化、黝帘石化、绢云母化、闪石化	重要
综合信息	地球化学	没有S元素的化探异常信息	重要
	地球物理	头道沟矽卡岩型硫铁矿床位于头道岩组的重力高异常与侏罗纪中酸性侵入岩体的重力低异常之间的过渡部位。 超基性岩体可引起强正磁异常,硫铁矿体仅能引起中等强度的磁异常。负磁异常为头道岩组与超基性岩体斜磁化或剩磁方向反转综合影响所致。 中等强度的磁异常和重力高、重力低异常之间过渡部位是矽卡岩型硫铁矿床成矿的有利地段	重要
	重砂	圈出的黄铁矿重砂异常对头道沟硫铁矿积极支持,是矿致重砂异常,具直接指示作用。分布在矿床外围的黄铁矿异常对外围预测有一定意义	次要
	遥感	矿区位于北西向桦甸-双河镇断裂带与北东向柳河-吉林断裂带交会部位,有多个与隐伏岩体有关的环形构造和基性岩类引起的环形构造呈串状分布。区内为遥感浅色色调异常区。矿区周围有羟基异常、铁染异常集中分布	次要
找矿标志		中生代中酸性侵入岩; 寒武系头道岩组火山沉积碎屑岩-泥质岩; 北东向构造	重要

4. 热闹-青石预测工作区

根据热闹-青石预测工作区区域成矿要素和地球化学、地球物理、遥感特征、重砂特征，确立了区域预测要素，见表6-2-12。

表 6-2-12 热闹—青石地区狼山式沉积变质型硫铁矿预测要素表

预测要素		内容描述	类别
地质条件	岩石类型	蛇纹石化大理岩、白云石大理岩、滑石大理岩	必要
	成矿时代	前寒武纪	必要
	成矿环境	硫铁矿矿床(点)分布于古元古界蚂蚁河(岩)组变质岩系碎屑岩-碳酸盐岩中，矿产均赋存于糜棱岩带中	必要
	构造背景	前南华纪华北东部陆块(Ⅱ)，胶辽吉古元古代裂谷带(Ⅲ)，老岭坳陷盆地内	重要
矿床特征	控矿条件	蚂蚁河(岩)组大理岩控矿； 北东向断裂具控矿和储矿特征	必要
	矿化蚀变特征	滑石化、硅化、透闪石化、白云石化、蛇纹石化、黄铁矿化，其次有绿泥石化、绿帘石化、碳酸盐化、钠长石化、绢云母化	重要
综合信息	地球物理	元古宇集安岩群荒岔沟岩组内靠近燕山中酸性侵入体一侧，即重力高异常与重力低异常过渡带的重力高一侧，磁力高异常与磁力低异常、负磁异常过渡带的低磁异常一侧，是沉积变质型硫矿成矿的有利部位	重要
	重砂	圈出的黄铁矿重砂异常对分布的硫铁矿不支持，外围的黄铁矿重砂异常亦没有矿致源响应，对硫铁矿的找矿指示作用不明显	次要
	遥感	矿区主要受头道沟-长白山断裂带与北东向、北西向断裂控制，有与隐伏岩体有关的环形构造呈北东向分布。区内为遥感浅色色调异常区，矿区周围有羟基异常分布	次要
找矿标志		北东向断裂带和北西向断裂带以及两者交会处； 古元古代变质岩系中碎屑岩-大理岩	重要

5. 上甸子-七道岔预测工作区

根据上甸子-七道岔预测工作区区域成矿要素和地球化学、地球物理、遥感特征、重砂特征，确立了区域预测模型，见表6-2-13。

表 6-2-13　上甸子-七道岔地区狼山式沉积变质型硫铁矿预测要素表

预测要素		内容描述	预测要素类别
地质条件	岩石类型	白云石大理岩、滑石大理岩、透闪石大理岩、燧石大理岩、角闪片岩和绿泥片岩	必要
	成矿时代	前寒武纪	必要
	成矿环境	矿床位于荒沟山"S"形断裂带中部。北东向断裂构造是主要的控矿和储矿构造；老岭（岩）群珍珠门岩组白云石大理岩层夹透镜体或薄层的片岩为主要的赋矿层位	必要
	构造背景	前南华纪华北东部陆块（Ⅱ），胶辽吉古元古代裂谷带（Ⅲ），老岭坳陷盆地内	重要
矿床特征	控矿条件	老岭变质核杂岩控制硫铁矿矿产分布，北北东向及其次级的一组断裂构造为控矿构造；古元古代珍珠门岩组控矿	必要
	矿化蚀变特征	滑石化、硅化、透闪石化、白云石化、蛇纹石化、黄铁矿化，其次有绿泥石化、绿帘石化、碳酸盐化、钠长石化、绢云母化	重要
综合信息	地球物理	重力找矿标志：中酸性岩体重力低异常与珍珠门岩组重力高异常过渡带附近的地层一侧，北西走向梯度带反映了断裂构造的位置，是成矿的有利部位。磁法找矿标志：中酸性岩体正磁异常与珍珠门岩组负磁异常过渡带附近的负磁异常一侧，等值线梯度略陡，反映了荒沟山"S"形构造带在此通过，是成矿的有利部位	重要
	重砂	圈出的黄铁矿重砂异常对荒沟山硫铁矿不支持，分布在外围的黄铁矿重砂异常亦没有矿致源响应，对硫铁矿的找矿指示作用不明显	次要
	遥感	矿区位于北东向、东西向断裂密集带上，老秃顶块状构造内，有区域性规模脆韧性变形构造或构造带通过，分布在白云质大理岩形成的带要素内，形成于遥感浅色色调异常区，有多个与隐伏岩体有关的环形构造沿北东向呈串状分布。矿区周围有铁染异常分布	次要
找矿标志		荒沟山"S"形构造带、韧—脆性剪切带及糜棱岩带；古元古界老岭（岩）群珍珠门岩组硅质及碳质大理岩；黄铁绢云岩化强蚀变带，强硅化破碎带，含硫化物石英脉，褐铁矿化-硅化破碎带，含黄铁矿、闪锌矿、方铅矿化的蚀变破碎带等为直接找矿标志	重要

四、区域预测要素图编制及解释

1. 区域预测要素图

该图件为以区域成矿要素图为底图，综合区域地球化学、地球物理、自然重砂、遥感等综合致矿信息而编制的反映该区域硫铁矿矿产预测类型预测要素的图件，图件比例尺为1∶5万。

2. 综合信息要素图

该图件以成矿地质理论为指导,目的是为吉林省区域成矿地质构造环境及成矿规律研究,建立矿床成矿模式、区域成矿模式及区域成矿谱系研究提供信息,为圈定成矿远景区和找矿靶区,评价成矿远景区资源潜力,编制成矿区(带)成矿规律与预测图提供物探、化探、遥感、自然重砂方面的依据。因此,该图件充分反映了与矿产资源潜力评价相关的物探、化探、遥感、自然重砂等综合信息,并建立了空间数据库,为今后开展矿产勘查的规划部署奠定了扎实基础。

第三节 预测区圈定

一、预测区圈定方法及原则

预测工作区内最小预测区的确定主要依据是在含矿建造存在的基础上,叠加物探、化探、遥感、自然重砂异常,圈定有找矿前景的区域,参考航磁异常、重力异常、自然重砂异常并经地质矿产专业人员人工修改后的最小区域。

二、圈定预测区操作细则

在突出表达含矿建造、矿化蚀变标志的1:5万成矿要素图基础上,以含矿建造为主要预测要素和定位变量,参考遥感、物探、自然重砂信息,最后由地质专家确认修改,形成最小预测区。

第四节 预测要素变量的构置与选择

一、预测要素和要素的数字化及定量化

预测工作区预测要素使用潜力评价项目组提供的预测软件MARS进行构置和计算,主要依据含矿建造的出露与否来组合预测要素。

综合信息网格单元法进行预测时,首选对预测工作区地质及综合信息的复杂程度进行评价,从而来确定网格单元的大小,MARS能提供网格单元大小的建议值,一般情况下都比较大,需要人工进行修正,比如,进行取整等干预。根据吉林省硫铁矿成矿特征,矿化多数在2km左右,因此,人工选择时使用小一点的网格单元,以增加预测的精度,选择20×20的网格单元,相当于$1km \times 1km$的单元网格。

对预测工作区的地质信息,也就是含矿建造进行提取,对矿产地和矿(化)体进行提取,提取的矿产地和矿(化)体进行缓冲区分析,形成面图层,为空间叠加准备图层。

将物探、化探、遥感、自然重砂各专题提供的异常要素进行叠加,对物探、化探、遥感、自然重砂各专题提供线要素类图层进行缓冲区分析。

对上述的图层内要素信息进行有无的量化处理,形成原始的要素变量距阵。

二、变量的初步优选研究

根据含矿建造的空间分布情况,对其他预测要素进行相关性分析,初步进行变量的优选,选择相关性好的要素参与预测。可能含矿的建造是最重要的也是必要的要素。物探一般选择重力和磁的异常要素,特别是重力梯度带,用零等值线进行缓冲区分析,分析出的缓冲区参与计算,重力和航磁数据由于多数是1∶20万精度的数据,对预测意义不大。自然重砂选择3~5个与主成矿元素有关的矿物异常图,这些矿种异常要素参与计算。

初步选择的要素叠加后进行初步计算,这样很多要素参与计算往往得不到理想的效果,还要进行变量的优选,再进行变量相关性研究,去掉一些相关性相对较差的要素。实践证明,参与计算的要素不能太多,一般3~5个要素参与计算,效果相对较好。

量化要素后为网格单元进行有无的赋值,用一定的阈值对每个网格单元进行分类,分出A、B、C三类,一般情况下网格单元值大于3~4的网格单元应该是A类网格单元,大于2~3的网格单元为B类网格单元。

得出的网格单元分布图能够帮助地质人员更加客观地认识预测工作区、增加客观性,从而能避免一些人为的主观因素参与到预测中。

三、不同矿产预测方法类型预测

(一)火山岩型

放牛沟预测工作区:硫铁矿产于下古生界奥陶系放牛沟火山岩内。因此,放牛沟火山岩地层单元作为重要的预测单元划分依据,同时为必要预测地质变量,磁测、重力异常也是重要的圈定依据和预测变量。遥感、重砂则为次要预测地质要素。

(二)沉积型

西台子预测工作区:硫铁矿产于古近系渐新统桦甸组内。因此,以桦甸组地层单元作为重要的预测单元划分依据,同时为必要预测地质变量,磁测、重力异常也是重要的圈定依据和预测变量。遥感、重砂则为次要预测地质要素。

(三)层控"内生"型

倒木河-头道沟预测区:硫铁矿产于下古生界寒武系头道岩组内。因此,头道岩组地层单元作为重要的预测单元划分依据,同时为必要预测地质变量,磁测、重力异常也是重要的圈定依据和预测变量。遥感、重砂则为次要预测地质要素。

(四)变质型

1. 上甸子-七道岔预测工作区

该预测区内硫铁矿产于古元古界老岭(岩)群珍珠门岩组地层中。因此,以老岭(岩)群珍珠门岩组地层单元作为重要的预测单元划分依据，同时为必要预测地质变量，磁测、重力异常也是重要的圈定依据和预测变量。遥感、重砂则为次要预测地质要素。

2. 热闹-青石预测工作区

该预测区内硫铁矿产于古元古界集安（岩）群蚂蚁河（岩）组中。因此，以集安（岩）群蚂蚁河（岩）组地层单元作为重要的预测单元划分依据，同时为必要预测地质变量，磁测、重力异常也是重要的圈定依据和预测变量。遥感、重砂则为次要预测地质要素。

第五节　预测区优选

预测区圈定以含矿地质体和矿体产出部位为主要圈定依据。首先应用 MARS 软件对预测要素进行空间叠加的方法对预测工作区进行空间评价，圈定预测区。优选最小预测区以矿产地、化探异常作为确定依据，特别是矿产地和矿体产出部位是区分资源潜力级别及资源量级别的最主要依据，经过地质专家进一步修正和筛选，最终优选出最小预测区。

各预测工作区圈定的最小预测区及优选最小预测区对比结果见图 6-5-1～图 6-5-5，图中红色代表 A 类最小预测区，绿色代表 B 类最小预测区，蓝色代表 C 类最小预测区。

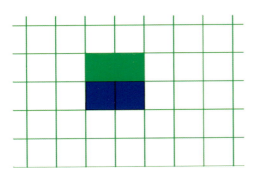

图 6-5-1　放牛沟预测工作区最小预测区与优选最小预测区对比图

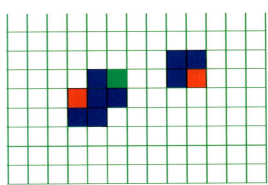

图 6-5-2　倒木河-头道沟预测工作区最小预测区与优选最小预测区对比图

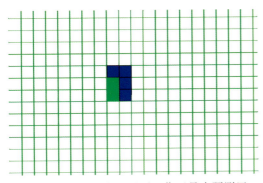

图 6-5-3　热闹-青石预测工作区最小预测区与优选最小预测区对比图

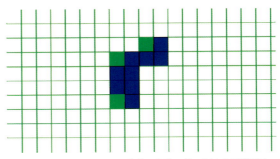

图 6-5-4　上甸子-七道岔预测工作区最小预测区与优选最小预测区对比图

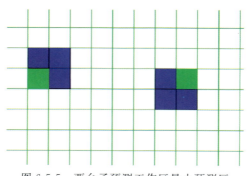

图 6-5-5　西台子预测工作区最小预测区
与优选最小预测区对比图

第六节　资源量定量估算

一、最小预测区含矿系数确定

依据模型区含矿系数，考虑到现有工作程度，模型区之外的最小预测区工作程度低于模型区，因此，在现有工作程度情况下，这些最小预测区找矿条件和远景显然比模型区差，这仅仅是在现有工作程度下的判断。根据潜力评价项目技术要求，对模型区之外的最小预测区按照预测区内具体的预测要素与模型区的预测要素对比，分别估算最小预测区的含矿系数。依据各个预测要素的可信度，综合评价各个最小预测区的含矿系数，评价结果见最小预测区含矿系数表 6-6-1。

表 6-6-1　最小预测区含矿系数表

预测工作区	最小预测区序号	最小预测区编号	模型区含矿系数	最小预测区含矿系数
放牛沟	1	A2219401001	0.000 000 786 6	0.000 000 786 6
放牛沟	2	C2219401002	0.000 000 786 6	0.000 000 236
放牛沟	3	C2219401003	0.000 000 786 6	0.000 000 236
倒木河-头道沟	4	A2219501004	0.000 000 274 56	0.000 000 274 56
倒木河-头道沟	5	B2219501005	0.000 000 274 56	0.000 000 137 28
上甸子-七道岔	6	A2219301006	0.000 000 050 88	0.000 000 050 88
上甸子-七道岔	7	C2219301007	0.000 000 050 88	0.000 000 015 264
热闹-青石	8	B2219301008	0.000 000 050 88	0.000 000 025 44
热闹-青石	9	C2219301009	0.000 000 050 88	0.000 000 015 264
西台子	10	A2219101010	0.000 000 374 22	0.000 000 374 22
西台子	11	C2219101011	0.000 000 374 22	0.000 000 187 11

二、最小预测区预测资源量及估算参数

(一)估算方法

应用含矿地质体预测资源量公式：$Z_体 = S_体 \times H_预 \times K \times \alpha$，式中，$Z_体$ 为模型区中含矿地质体预测资源量；$S_体$ 为含矿地质体面积；$H_预$ 为含矿地质体延深(指矿化范围的最大延深)，即最大预测深度；K 为模型区含矿地质体含矿系数；α 为相似系数。

(二)估算参数及结果

估算参数及结果见表 6-6-2。

表 6-6-2　吉林省预测工作区预测资源量估算结果表

预测工作区	最小预测区序号	最小预测区编号	面积/m²	延深/m	含矿系数	相似系数	500m 以浅预测资源量/kt	1 000m 以浅预测资源量/kt	2 000m 以浅预测资源量/kt
放牛沟	1	A2219401001	7 255 000	800	0.000 000 7 866	1.00	1 014.67	2 726.71	
	2	C2219401002	12 230 000	800	0.000 000 236	0.25	360.75	577.21	
	3	C2219401003	6 017 500	800	0.000 000 236	0.25	177.50	284.00	
倒木河-头道沟	4	A2219501004	15 300 000	1 000	0.000 000 274 56	1.00	580.62	2 681.01	
	5	B2219501005	28 887 500	1 000	0.000 000 137 28	0.50	991.42	1 982.84	
上甸子-七道岔	6	A2219301006	54 857 500	800	0.000 000 050 88	1.00	1 173.23	2 010.58	
	7	C2219301007	49 482 500	800	0.000 000 015 264	0.25	94.41	151.06	
热闹-青石	8	B2219301008	15 315 000	800	0.000 000 025 44	0.50	97.40	155.85	
	9	C2219301009	42 302 500	800	0.000 000 015 264	0.25	80.71	129.14	
西台子	10	A2219101010	6 660 000	500	0.000 000 374 22	1.00	585.41	585.41	
	11	C2219101011	35 137 500	500	0.000 000 187 11	0.25	821.82	821.82	
合计							5 977.94	12 105.63	

三、最小预测区资源量可信度估计

最小预测区资源量可信度估计见表 6-6-3。

1. 面积可信度

最小预测区内存在含矿建造，与已知模型区比含矿建造相同，并且最小预测区内存在已知的矿床，这样的最小预测区面积可信度确定为 0.75。

表 6-6-3 最小预测区预测资源量可信度统计表

最小预测区编号	经度	纬度	面积 可信度	面积 依据	延深 可信度	延深 依据	含矿系数 可信度	含矿系数 依据	资源量综合 可信度	资源量综合 依据
A2219401001	125°02′00″	43°31′16″	1	含矿建造＋物探异常	1	最大勘探深度＋含矿建造推断＋参考磁异常反演	1	模型区预测资源总量/含矿地质体总体积	1	模型区
C2219401002	125°05′20″	43°28′48″	0.3	与模型区对比＋含矿建造＋物探异常	0.3	与模型区对比	0.3	与模型区类比具有相同的构造环境＋含矿建造＋物探异常	0.25	与模型区具有相同的构造环境＋含矿建造＋物探异常
C2219401003	125°02′05″	43°28′32″	0.3	与模型区对比＋含矿建造＋物探异常	0.3	与模型区对比	0.3	与模型区类比具有相同的构造环境＋含矿建造＋物探异常	0.25	与模型区具有相同的构造环境＋含矿建造＋物探异常
A2219501004	126°25′21″	43°29′39″	1	含矿建造＋物探异常	1	最大勘探深度＋含矿建造推断＋参考磁异常反演	1	模型区预测资源总量/含矿地质体总体积	1	模型区
B2219501005	126°16′00″	43°29′20″	0.5	与模型区对比＋含矿建造＋物探异常	0.5	与模型区对比	0.5	与模型区比较具有相同的构造环境＋含矿建造＋物探异常＋已知矿（化）点	0.5	与模型区具有相同的构造环境＋含矿建造＋物探异常＋已知矿床（点）
A2219301006	126°39′20″	41°46′12″	1	含矿建造＋物探异常	1	最大勘探深度＋含矿建造推断＋参考磁异常反演	1	模型区预测资源总量/含矿地质体总体积	1	模型区

续表 6-6-3

最小预测区编号	经度	纬度	面积			延深			含矿系数			资源量综合	
			可信度	依据		可信度	依据		可信度	依据		可信度	依据
C2219301007	126°45′35″	41°55′35″	0.3	与模型区对比＋含矿建造＋物探异常		0.3	与模型区对比		0.3	与模型区类比具有相同的构造环境＋物探异常		0.25	与模型区有相同的构造环境＋含矿建造＋物探异常
B2219301008	125°54′42″	41°29′35″	0.5	与模型区对比＋含矿建造＋物探异常		0.5	与模型区对比		0.5	与模型区比较具有相同的构造环境＋物探异常＋已知矿（化）点		0.5	与模型区有相同的构造环境＋含矿建造＋物探异常＋已知矿床
C2219301009	126°02′40″	41°19′20″	0.3	与模型区对比＋含矿建造＋物探异常		0.3	与模型区对比		0.3	与模型区类比具有相同的构造环境＋物探异常		0.25	与模型区有相同的构造环境＋含矿建造＋物探异常
A2219101010	126°43′30″	42°59′30″	1	含矿建造＋物探异常		1	最大勘探深度推断＋参考磁异常反演		1	模型区预测资源总量／含矿地质体总体积		1	模型区
C2219101011	126°50′20″	42°58′30″	0.5	含矿建造＋物探异常		0.5	最大勘探深度推断＋参考磁异常反演		0.5	与模型区比较具有相同的构造环境＋物探异常		0.25	与模型区有相同的构造环境＋含矿建造＋物探异常

最小预测区内存在含矿建造,与已知模型区比含矿建造相同,并且最小预测区内存在已知的矿点,这样的最小预测区面积可信度确定为 0.50。

最小预测区内只存在与已知模型区相同的含矿建造,并且最小预测区的圈定是根据含矿建造圈定的最小区域,最小预测区面积可信度确定为 0.25。

2. 延深可信度

根据已知模型区的最大勘探深度,结合区域含矿建造的勘探深度确定的预测深度,模型区延深可信度确定为 1.0。最小预测区中含有已知矿床,有含矿建造的存在,物探异常反映良好的延深,可信度确定为 0.75;最小预测区中含有已知矿点,有含矿建造的存在,物探异常反映良好的延深,可信度确定为 0.5;最小预测区中有含矿建造的存在,物探异常反映良好的延深,可信度确定为 0.25。

根据物探磁法反演确定的预测深度,确定的延深可信度为 0.7。

根据专家分析确定因素的预测深度,确定的延深可信度为 0.5。

3. 含矿系数可信度

最小预测区内存在含矿建造,与已知模型区比含矿建造相同,并且最小预测区内存在已知的矿床,这样的最小预测区含矿系数可信度确定为 0.75。

最小预测区内存在含矿建造,与已知模型区比含矿建造相同,并且最小预测区内存在已知的矿点,这样的最小预测区含矿系数可信度确定为 0.5。

最小预测区内只存在与已知模型区相同的含矿建造,并且最小预测区是根据含矿建造圈定的最小区域,最小预测区含矿系数可信度确定为 0.25。

第七节 预测区地质评价

一、预测区级别划分

预测区级别划分的主要依据:最小预测区内是否有含矿建造,是否有已知矿点、矿化点或与硫铁矿关联密切的其他矿点、矿化点存在,是否有金、硫铁矿、钨、汞、砷等地球化学异常存在。

A 级:最小预测区与模型区含矿建造相同,区内有已知硫铁矿点、硫铁矿化点,有金、钨、汞、砷等地球化学异常存在。

B 级:最小预测区与模型区含矿建造相同,区内有已知硫铁矿点、硫铁矿化点,无硫铁矿地球化学异常存在,但有与硫铁矿关联密切的其他矿点、矿化点存在。

C 级:最小预测区与模型区含矿建造相同,最小预测区内无已知硫铁矿点、硫铁矿化点,但有与硫铁矿关联密切的其他矿点、矿化点存在,有金、钨、汞、砷等地球化学异常存在。

二、预测区地质评价

依据预测区划分依据,对 5 个预测工作区进行了最小预测区圈定,共圈定出 11 个最小预测区,其中 A 类预测区 4 个、B 类预测区 3 个、C 类预测区 4 个。每个预测区地质评价见表 6-7-1。

表 6-7-1 预测区地质评价一览表

序号	最小预测区编号	最小预测区级别	预测区地质评价
1	A2219401001	A 类预测区	构造环境有利于成矿，出露有含矿建造，有金、钨、汞、砷等地球化学异常存在，并有已知的矿床
2	C2219401002	C 类预测区	与已知矿床具有相同的构造环境，出露有含矿建造，有金、钨、汞、砷等地球化学异常存在
3	C2219401003	C 类预测区	与已知矿床具有相同的构造环境，出露有含矿建造，并有金、钨、汞、砷等地球化学异常存在
4	A2219501004	A 类预测区	构造环境有利于成矿，出露有含矿建造，有金、钨、汞、砷等地球化学异常存在，并有已知的矿床
5	B2219501005	B 类预测区	与已知矿床具有相同的构造环境，出露有含矿建造，并有已知矿床（点）
6	A2219301006	A 类预测区	构造环境有利于成矿，出露有含矿建造，有金、钨、汞、砷等地球化学异常存在，并有已知的矿床
7	C2219301007	C 类预测区	与已知矿床具有相同的构造环境，出露有含矿建造，并有金、钨、汞、砷等地球化学异常存在
8	B2219301008	B 类预测区	与已知矿床具有相同的构造环境，出露有含矿建造，并有已知矿床（点）
9	C2219301009	C 类预测区	与已知矿床具有相同的构造环境，出露有含矿建造，有金、钨、汞、砷等地球化学异常存在
10	A2219101010	A 类预测区	构造环境有利于成矿，出露有含矿建造，有金、钨、汞、砷等地球化学异常存在，并有已知的矿床
11	C2219101011	B 类预测区	与已知矿床具有相同的构造环境，出露有含矿建造，有金、钨、汞、砷等地球化学异常存在

三、评价结果综述

通过对吉林省硫铁矿预测工作区的综合分析，依据最小预测区划分条件共划分 11 个最小预测区，预测了吉林省硫铁矿资源潜力 12 105.63kt，从吉林省几十年硫铁矿的找矿经验和吉林省硫铁矿成矿地质条件来看，在目前的经济技术条件下，吉林省硫铁矿找矿潜力巨大。

四、预测工作区资源总量成果汇总

1. 按精度

预测工作区预测资源量精度统计见表 6-7-2。

表 6-7-2 预测工作区预测资源量精度统计表

预测工作区序号	预测工作区名称	精度		
		334-1	334-2	334-3
1	放牛沟	2 726.71	861.21	
2	倒木河-头道沟	2 681.01	1 982.84	
3	上甸子-七道岔	2 010.58	151.06	
4	热闹-青石		284.99	
5	西台子	585.41	821.82	
合计		8 003.71	4 101.92	

2. 按深度

预测工作区预测资源量按深度统计见表 6-7-3。

表 6-7-3 预测工作区预测资源量按深度统计表

序号	名称	500m 以浅/kt		1 000m 以浅/kt		2 000m 以浅/kt	
		334-1	334-2	334-1	334-2		
1	放牛沟	1 014.67	538.26	2 726.71	861.21		
2	倒木河-头道沟	580.62	991.42	2 681.01	1 982.84		
3	上甸子-七道岔	1 173.23	94.41	2 010.58	151.06		
4	热闹-青石		178.12		284.99		
5	西台子	585.41	821.82	585.41	821.82		
合计		3 353.93	2 624.03	8 003.71	4 101.92		

3. 按矿床类型

工作区预测资源量矿产类型统计见表 6-7-4。

表 6-7-4 工作区预测资源量矿产类型统计表

矿床类型	预测工作区序号	预测工作区名称	精度		合计	
			334-1	334-2	334-1	334-2
海相火山岩型	1	放牛沟	2 726.71	861.21	2 726.71	861.21
矽卡岩型	2	倒木河-头道沟	2 681.01	1 982.84	2 681.01	1 982.84
沉积变质型	3	上甸子-七道岔	2 010.58	151.06	2 010.58	436.05
	4	热闹-青石		284.99		
湖相沉积型	5	西台子	585.41	821.82	585.41	821.82

4. 按可利用性类别

工作区预测资源量可利用性统计见表6-7-5。

表6-7-5 工作区预测资源量可利用性统计表

预测工作区序号	预测工作区名称	可利用			暂不可利用		
		334-1	334-2	334-3	334-1	334-2	334-3
1	放牛沟	2 726.71	861.21				
2	倒木河-头道沟	2 681.01	1 982.84				
3	上甸子-七道岔	2 010.58	151.06				
4	热闹-青石		284.99				
5	西台子	585.41	821.82				
	合计	8 003.71	4 101.92				

5. 按可信度统计分析

(1) 预测资源量可信度确定原则。

对于有已知矿床存在,深部探矿工程见矿最大深度以上的预测资源量,可信度不小于0.75;最大深度以下部分合理估算的预测资源量,可信度为0.5~0.75。

对于有已知矿点或矿化点存在,含矿建造发育,化探异常推断为由矿体引起,探矿工程见矿最大深度以下部分合理估算的预测资源量,或经地表工程揭露,已经发现矿体,但没有经深部工程验证的预测资源量,500m以浅预测资源量可信度不小于0.75,500~1 000m预测资源量可信度为0.5~0.75,1 000m以下预测资源量可信度为0.25~0.5。

对于建造发育,化探异常推断为由矿体引起,仅以地质、物化探异常估计的预测资源量,500m以浅预测资源量可信度不小于0.5,500~1 000m预测资源量可信度为0.25~0.5,1 000m以下预测资源量可信度不大于0.25。

(2) 吉林省预测资源量可信度统计。

吉林省硫铁矿共预测资源量12 105.63kt。预测资源量可信度估计概率不小于0.75的有8 003.71kt,其中全部为334-1预测资源量。预测资源量可信度估计概率为0.5~0.75的有2 960.51kt,其中全部为334-2预测资源量。预测资源量可信度估计概率为0.25~0.5的有1 141.41kt,其中全部为334-2预测资源量,见表6-7-6。

(3) 吉林省预测资源量可信度分析。

利用地质体积法全省预测资源量结果为12 105.63kt。可信度估计概率大于0.75的占66.12%,可信度估计概率为0.5~0.75的占24.46%,可信度估计概率为0.25~0.5的占9.42%。

0~500m预测资源量可信度分析:0~500m预测资源量为5 977.94kt,其中可信度估计概率大于0.75的有3 353.93kt,占56.11%;可信度估计概率为0.5~0.75的有1 910.64kt,占31.96%;可信度估计概率为0.25~0.5的有713.37kt,占11.93%,见表6-7-6。

500~1 000m预测资源量可信度分析:500~1 000m预测资源量有12 105.63kt,其中可信度估计概率大于0.75的有8 003.71kt,占66.12%;可信度估计概率为0.5~0.75的有2 960.51kt,占24.46%;可信度估计概率为0.25~0.5的有1 141.41kt,占9.42%,见表6-7-6。

表 6-7-6 预测工作区预测资源量可信度统计分析

预测工作区编号	预测工作区名称	≥0.75			0.75~0.5			0.5~0.25			<0.25		
		334-1	334-2	334-3	334-1	334-2	334-3	334-1	334-2	334-3	334-1	334-2	334-3
1	放牛沟	2 726.71							861.21				
2	倒木河-头道沟	2 681.01				1 982.84							
3	上甸子-七道岔	2 010.58							151.06				
4	热闹-青石					155.85			129.14				
5	西台子	585.41							821.82				

第八节 全省硫铁矿资源总量潜力分析

吉林省已查明硫铁矿资源储量按照矿产预测类型分类统计。本次预测层控"内生"型模型区内查明资源总量为 1 519.76kt，占累计查明资源总量的 35.83%；火山岩型模型区内查明资源总量为 1 838.72kt，占累计查明资源总量的 43.35%；沉积型模型区内查明资源总量为 660.74kt，占累计查明资源总量的 15.58%；沉积变质型模型区内查明资源总量为 222.34kt，占累计查明资源总量的 5.24%。

吉林省目前探明的硫铁矿资源储量全部为近期可利用资源。从本次预测的资源量分析，探明资源量占总资源量（探明资源量＋预测资源量）的 35.04%，说明吉林省硫铁矿找矿资源潜力巨大。

第七章 硫铁矿成矿规律总结

第一节 成矿区(带)划分

根据吉林省硫铁矿的控矿因素、成矿规律、空间分布,在参考全国成矿区(带)划分、吉林省综合成矿区(带)划分的基础上,对吉林省硫铁矿单矿种成矿区(带)进行了详细的划分,见表7-1-1。

表 7-1-1 吉林省硫铁矿成矿区(带)划分表

Ⅰ	板块	Ⅱ	Ⅲ	Ⅳ	V	代表性矿床(点)
Ⅰ-4 滨太平洋成矿域	西伯利亚板块	Ⅱ-12 大兴安岭成矿省	Ⅲ-50 突泉-翁牛特 Pb-Zn-Fe-Sn-REE 成矿带			
	吉黑板块	Ⅱ-13 吉黑成矿省	Ⅲ-55-①吉中 Mo-Ag-As-Au-Fe-Ni-Cu-Zn-W 成矿带	Ⅳ2 山门-乐山 Ag-Au-Cu-Fe-Pb-Zn-Ni 成矿带	V2 山门 Ag-Au 找矿远景区	
					V3 放牛沟 Au-Cu-Pb-Zn 找矿远景区	放牛沟硫铁矿
				Ⅳ5 山河-榆木桥子 Au-Ag-Mo-Cu-Fe-Pb-Zn 成矿带	V9 头道-吉昌 Au-Fe-Ag 找矿远景区	
					V10 石咀-官马 Au-Fe-Cu 找矿远景区	
					V11 大黑山 Mo-Cu-Au-Fe 找矿远景区	头道沟硫铁矿
					V12 倒木河 Au-Cu-Pb-Zn 找矿远景区	
					V13 大绥河 Cu-Fe 找矿远景区	
				Ⅳ7 红旗岭-漂河川 Ni-Au-Cu 成矿带	V22 红旗岭 Ni-Cu-Au 找矿远景区	西台子硫铁矿
					V23 漂河川 Ni-Cu-Au 找矿远景区	
			Ⅲ-55-②延边 Au-Cu-Pb-Zn-Fe-Ni-W 成矿带	Ⅳ9 大蒲柴河-天桥岭 Cu-Pb-Zn-Au-Fe-Mo-Ni 成矿带	V25 大蒲柴河 Au-Cu-Fe-Ag 找矿远景区	
					V27 红太平 Pb-Zn-Cu-Au-Ag 找矿远景区	
					V28 新华村 Pb-Zn-Ag-Fe-Mo-Au-Cu 找矿远景区	
				Ⅳ11 春化-小西南岔 Au-W-Cu-Fe-Pb-Zn-P-E-G 成矿带	V35 小西南岔 Au-Cu-W 找矿远景区	
					V36 农坪 Au-Cu-W-Pt-Pd 找矿远景区	
				Ⅳ12 天宝山-开山屯 Pb-Zn-Au-Ni-Mo-Cu-Fe 成矿带	V37 天宝山 Pb-Zn-Mo-Ni-Cu 找矿远景区	
					V39 开山屯 Au-Cu-Fe 找矿远景区	

续表 7-1-1

I	板块	II	III	IV	V		代表性矿床(点)
I-4 滨太平洋成矿域	华北板块	II-14 华北(陆块)成矿省	III-56 辽东(隆起)Fe Cu-Pb-Zn-Au-U-B-P 镁菱矿-滑石-石墨-金刚石成矿带	IV16 通化-抚松 Au-Fe-Pb-Zn-Cu 成矿带	V53 金厂 Au-Fe-Pb-Zn-Cu 找矿远景区		
					V54 大安 Au-Fe-Cu 找矿远景区		
					V55 抚松 Pb-Zn 找矿远景区		
				IV17 集安-长白 Au-Pb-Zn-Fe-Ag-B-P 成矿带	V56 正岔-复兴 Au-B-Pb-Zn-Ag 找矿远景区		
					V57 古马岭 Au-Pb-Zn 找矿远景区		
					V58 青石 Pb-Zn-Cu 找矿远景区		
					V59 南岔-荒沟山 Au-Fe-Pb-Zn 找矿远景区		荒沟山硫铁矿

第二节 区域成矿规律

一、地质构造背景演化及硫铁矿成矿规律

(一)地质构造背景演化

太古宙陆核形成阶段：表壳岩都为一套基性火山-硅铁质建造，以含铁、含金为特征；变质深成侵入体以石英闪长质片麻岩-英云闪长质片麻岩-奥长花岗质片麻岩、变质二长花岗岩为主。成矿以铁、金、铜为主，但硫铁矿多为共伴生矿产。

古元古代陆内裂谷(拗陷)演化阶段：新太古代末期的构造拼合作用使得吉南地区形成统一的龙岗复合陆块，在古元古代早期以赤柏松岩体群侵位为标志，开始裂解形成裂谷，并伴有铜、镍矿化，裂谷主体即为所谓的"辽吉裂谷带"，裂谷早期沉积物为一套蒸发岩-基性火山岩建造，以含铁、硼、石墨为特征，其中珍珠门岩组白云石大理岩岩石组合，为沉积变质硫铁矿的主要含矿建造，代表性的矿床为临江荒沟山硫铁矿。古元古代晚期已形成的克拉通地壳发生拗陷，形成坳陷盆地，它的早期沉积物为一套石英砂岩建造；中期为一套富镁碳酸岩建造，以含镁、金、铅锌为特点；上部为一套页岩-石英砂岩建造，富含金、铁、铜，代表性矿床有大横路铜钴矿，但该阶段形成的硫铁矿多为共伴生矿产；古元古代末期盆地闭合，见有巨斑状花岗岩侵入。

新元古代—晚古生代古亚洲构造域多幕陆缘造山阶段：新元古代—古生代吉南地区构造环境为稳定的克拉通盆地环境，它的沉积物为典型的盖层沉积，其中新元古代地层下部为一套河流红色复陆屑碎屑建造；中部为一套单陆屑碎屑建造夹页岩建造，以含金、铁为特点；上部为一套台地碳酸盐岩-藻礁碳酸盐岩-礁后盆地黑色页岩建造组合。早古生代地层下部为一套红色页岩建造，红色页岩夹浅海碳酸盐岩建造，以含磷、石膏为特征；上部为台地碳酸盐岩建造，大多可作为水泥灰岩利用，与硫铁矿成矿有关的主要为寒武系头道岩组碎屑岩夹灰岩，为热液充填交代型硫铁矿床的主要含矿建造，代表性矿床为永吉头道沟硫铁矿；奥陶系放牛沟火山岩夹灰岩、碎屑岩，为火山岩型硫铁矿床的主要含矿建造，代表性矿床为伊通放牛沟硫铁矿。晚古生代地层早期为含煤单陆屑建造，构成了浑江煤田的主体，晚期为一套河流相红色多陆屑建造。

在吉黑造山带上晚前寒武纪末期至早寒武世，吉中地区处于华北板块稳定大陆边缘的中亚-蒙古洋扩张中脊形成阶段，早寒武世在九台的机房沟、四平的下二台一带具有拉张过渡壳特征，主要形成了一套大洋底基性火山喷发，夹有碎屑岩，少量碳酸盐岩和含铁、锰沉积，构成一套完整的火山沉积旋回。

延边地区的海沟地区、万宝地区的粉砂岩及板岩，和龙白石洞地区的大理岩均见有具刺疑源类或波罗的刺球藻等化石，敦化地区的塔东岩群一般认为也可与黑龙江的张广才岭群对比，时代为新元古代晚期。塔东岩群以 Fe、V、Ti、P 成矿作用为主。加里东期侵入岩以 Cu、Ni、Pt、Pd 成矿作用为主，代表性矿床有仁和洞铜镍矿。

中晚石炭世－早二叠世地层主要为一套碳酸盐岩建造，中二叠世为一套海相陆源碎屑岩夹火山岩-碳酸盐岩建造，富含碳质，为海相火山岩型硫铁矿多金属矿的主要含矿建造，代表性的矿床为汪清红太平多金属矿；晚二叠世－早三叠世为陆相磨拉石建造。海西早期，形成两条花岗岩带，一条为和龙百里坪-敦化六棵松二叠纪花岗岩带，为一套钙碱性—碱性花岗岩组合；另一条为延吉依兰-敦化官地二叠纪花岗岩带，同样为一套钙碱性系列花岗岩。同时，可见有超铁镁岩侵入，见有 Cr 矿化，代表性矿床有龙井彩秀洞铬铁矿点。海西晚期，在所谓的槽台边界构造带内形成一条东起龙井江域经和龙长仁、海沟直至桦甸色洛河的几千米至十几千米宽的构造岩片堆叠带，带内堆叠了不同时代不同性质的构造岩片，以富含 Au 为特点。

古亚洲多幕造山运动结束于三叠纪，它的侵入岩标志为长仁-獐项镁铁-超镁铁质岩体群的就位，在区域上构造了长仁-漂河川-红旗岭镁铁质-超镁铁质岩浆岩带，以 Cu、Ni 成矿作用为主，代表性矿床有长仁铜硫铁矿，而同期沉积作用的标志为白水滩拉分盆地的陆相含煤碎屑岩建造。

中新生代滨太平洋构造域演化阶段：自晚三叠世以来，吉林省进入滨太平洋构造域的演化阶段，受太平洋板块向欧亚板块的俯冲作用的影响。

在吉南地区浑江小河口、抚松小营子等地形成断陷含煤盆地，同时，在长白地区发育有长白组火山岩，在通化龙头村等地见有石英闪长岩-花岗闪长岩-二长花岗岩侵入；早侏罗世的构造活动基本延续晚三叠世的活动特征，其中主要沉积物为一套陆相含煤建造，代表性盆地有临江的义和盆地、辉南杉松岗盆地等，但火山岩不发育。侵入岩为一套石英闪长岩-花岗闪长岩-二长花岗岩-白云母花岗岩组合；中侏罗世—早白垩世受太平洋板块斜俯作用的影响，区内形成一系列北东向走滑拉分盆地，沉积一系列火山-陆源碎屑岩，其中中侏罗世为一套红色细碎屑岩，晚侏罗世为一套钙碱性火山岩，早白垩世为一套钙碱性—偏碱性火山岩夹陆源碎屑岩，局部夹煤（如石人盆地），与火山岩相伴出现有一套岩石地球化学相当的侵入岩，局部地段见有碱性花岗岩侵入。

晚三叠世早期，在吉黑造山带上，沿两江构造而形成安图两江-汪清天桥岭幔源侵入岩带，主要出露在安图两江、三岔、青林子、亮兵、汪清天桥岭等地，大致沿两江断裂带的北段呈小岩株状出露，岩性为一套碱性辉长岩、角闪正长岩、石英正长岩、碱长花岗岩组合。以 Fe、V、Ti、P 成矿作用为主，代表性矿床有三岔铁矿点、南土城子铁矿点。晚三叠世中晚期形成钙碱性岩系侵位，构成了和龙三合-珲春-东宁老黑山晚三叠世花岗岩带，岩性为闪长岩-石英闪长岩-花岗闪长岩-二长花岗岩组合。以 Au、Ag、Cu、W 成矿作用为主，代表性矿床有小西南岔金铜矿。与此同时，伴生有大量火山喷发，形成一系列火山盆地，代表性盆地有天宝山盆地、天桥岭盆地等。两者共同构成了滨西太平洋的晚三叠世岩浆弧，与之相关的次火山岩具有多金属成矿作用，代表性矿床有天宝山多金属矿。

早侏罗世—中侏罗世基本上继承了晚三叠世岩浆弧的特点，但火山作用不明显，未见有火山岩及沉积岩层，而钙碱性侵入岩较发育，但有两条侵入岩带，一条为和龙崇善-汪清春阳早侏罗世花岗岩带，岩性为闪长岩-石英闪长岩-花岗闪长岩-二长花岗岩-碱长花岗岩组合；另一条为大蒲柴河中侏罗世花岗岩带，岩性为花岗闪长岩-似斑状花岗闪长岩-二云母花岗岩组合。

晚侏罗世岩浆作用以火山喷发为主，形成一套钙碱性火山岩系（屯田营组），侵入岩仅在火山盆地周边局部发育，具有次火山岩的特点。早白垩世，随着欧亚板块的向外增生，受太平洋板块俯冲的远距离效应的影响,地壳明显处于拉分作用的状态,具有向裂谷系方向演化的特点,形成一系列断陷盆地,沉积了一系列陆相含煤建造(长财组)、偏碱性火山岩建造(泉水村组)及含油建造(大拉子组),同时伴生有碱性花岗岩侵入(和龙仙景台岩体)。

晚白垩世盆地的裂谷性质已趋成熟,其中罗子沟等盆地发现有覆盖在大拉子组之上的一套安山玄武岩-流纹岩组合,具有双峰式火山岩的特点,而龙井组可能代表了该时期的类磨拉石建造。

晚侏罗世—白垩纪是吉黑造山带的一个重要成矿期,成矿以金铜为主,矿产地众多,代表性的有五凤金矿、刺猬沟金矿、九三沟金矿等。

新生代以来火山作用加剧,火山喷发物为大陆拉斑玄武岩-碱性玄武岩-粗面岩-碱流岩组合,主要分布在长白山地区,为一套裂谷型大陆拉斑玄武岩-碱性玄武岩-碱流岩组合,以及少量河湖相砂砾岩夹硅藻土,另外在敦密构造带见有少量古近纪辉长岩侵入,同位素年龄为32Ma左右。

(二)硫铁矿成矿规律

通过对5个预测工作区、4个典型矿床的研究,对不同成矿预测类型的硫铁矿床成矿规律总结如下:

1. 火山岩型

火山岩型矿床主要分布在放牛沟预测工作区。

(1)空间分布:主要分布在四平-德惠断裂带和伊通-伊兰断裂带之间,大黑山隆起带的中心部位,伊通放牛沟地区。

(2)成矿时代:成矿年龄为306.4~290Ma,为海西期。

(3)大地构造位置:位于南华纪—中三叠世天山-兴蒙-吉黑造山带(Ⅰ),小兴安岭-张广才岭弧盆系(Ⅱ),小顶子-张广才-黄松裂陷槽(Ⅲ),大顶子-石头口门上叠裂陷盆地(Ⅳ)内。

(4)矿体特征:矿体赋存于放牛沟组大理岩及其顶部的片理化、矽卡岩化安山岩中。矿体在地表呈似层状、舒缓波状断续出露。控制矿体长109~794m,最大垂深327m,最大斜深351.5m,最大厚度35.41m,平均厚7.76m,矿体走向80°,倾向南,倾角40°~80°。

(5)地球化学特征。

微量元素特征:在矿区放牛沟组中 Zn、Pb 等主要成矿元素的丰度个别地段接近地壳克拉克值,其他地层中的丰度值均小于地壳克拉克值,在区域地层中处于分散状态。在安山岩、流纹岩、大理岩等主要岩石类型中,Zn、Pb 等元素的丰度均小于世界同类型岩石的平均含量,也均处于分散状态。矿体与围岩明显地从花岗岩中带入 Si、Fe、S,带出 Ca。

各种矿石及花岗岩都具有向右倾斜、负斜率、富轻稀土的配分型式。值得说明的是,蚀变矿物萤石和绿帘石稀土元素的配分、特征参数值和分布模式,也与花岗岩的相似。无论从 Sm 与 Eu 的关系,还是从(Nd + Gd + Er)与(Ce + Sm + Dy + Yb)的关系,都可以说明它们具有相似的组成特征。以上这些组分的相似性,反映了物质来源的一致性。

同位素特征:铅同位素,矿床的矿石铅、花岗岩的全岩铅及花岗岩中钾长石铅,在铅同位素组成坐标图上呈线性分布,证实矿床及形成原生晕的物质来源于花岗岩深部岩浆源的论断。硫同位素,放牛沟矿床硫化物的 $\delta^{34}S(‰)$ 平均值为+5.08(+0.3~+6.7),分布范围窄,极差小,无负值,塔式效应明显。这些特征与花岗岩及矽卡岩内黄铁矿基本相同,而与矿体上、下盘大理岩中沉积成因黄铁矿明显不同。

(6)成矿物质来源:主要来自下地壳,部分来自上地壳。

(7)成矿物理化学条件。

①成矿温度:早期矽卡岩阶段大于400℃(爆裂法,石榴子石),晚期矽卡岩阶段400~330℃(爆裂法,

磁铁矿),早期硫化物阶段330～280℃(爆裂法,闪锌矿、磁黄铁矿),晚期硫化物阶段280～200℃(爆裂法,方铅矿、萤石)。

②成矿压力:$p=1\,171.5$MPa。属中深—深成条件(相当于4.68km)。

③成矿介质酸碱度:花岗岩(3个样品)pH$=8.47～9.7$,属碱性;矿石(5个样品)pH$=6.82～7.12$(平均7.0),属弱酸性—弱碱性。

④成矿溶液组分:早期硫化物阶段富Na、Ca的F^--Cl^--SO_4^{2-}水溶液,晚期硫化物阶段富Ca的Cl^--SO_4^{2-}水溶液与花岗岩具有相似组分特征和共同物质来源。

(8)控矿因素:区域上受近东西向放牛沟-前庙岭斜冲断裂带控制,为控岩构造,该断裂两侧次级层间构造破碎带、裂隙带是容矿构造。放牛沟组大理岩、片理化安山岩及安山质凝灰岩控矿。海西早期同熔型花岗岩为控矿岩体。

(9)成矿作用及演化:放牛沟多金属硫铁矿床,是以后庙岭花岗岩浆活动带来成矿物质为主,在岩浆上侵的同时同化早古生代火山-沉积岩系物质所形成。

岩浆活动和同化早古生代火山-沉积岩系带来成矿物质,在含矿热液的作用下,在构造应力薄弱、易交代的含钙质、杂质较多的大理岩特别是条带状大理岩、片理化安山岩及安山质凝灰岩中形成矽卡岩,同时成矿物质发生沉淀,形成充填交代矿体。

2. 层控"内生"型

层控"内生"型矿床分布在倒木河-头道沟预测工作区。

(1)空间分布:主要分布在吉黑造山带大黑山条垒南部。

(2)成矿时代:燕山期。

(3)大地构造位置:矿床位于东北叠加造山-裂谷系(Ⅰ),小兴安岭-张广才岭叠加岩浆弧(Ⅱ),张广才岭-哈达岭火山-盆地区(Ⅲ),南楼山-辽源火山-盆地群(Ⅳ)。

(4)赋矿层位:寒武系头道沟岩组火山沉积碎屑岩-泥质岩。

(5)矿体特征:各矿体基本互相平行排列,在垂直方向上大致呈斜列式排列,走向呈北东70°,东部(X线东)转为北东80°,倾向南东,倾角60°～75°,东部倾角稍缓些。单个矿体长度50～480m,厚度3～14m,平均厚度7.76m,控制深度280～400m(平均300m)。矿体形态大致呈似脉状、扁豆状和透镜状。

(6)成矿物质来源:是以燕山晚期花岗岩浆活动带来成矿物质为主,在岩浆上侵的同时交代下古生界呼兰(岩)群头道岩组变质岩系所形成。

(7)控矿因素:北东向是主要的控矿和储矿构造,中酸性侵入岩控矿,寒武系头道岩组火山沉积碎屑岩-泥质岩控矿。

(8)成矿作用及演化:岩浆活动和交代早古生界呼兰(岩)群头道岩组变质岩系带来成矿物质,在含矿热液的作用下,在构造应力薄弱、易交代的区域经过变质和角岩化的泥质岩石(黑云母硅质角岩)、火山碎屑岩(变质的凝灰质砂岩)及中基性火山岩(斜长角闪岩、斜长阳起角岩、阳起角岩等)中形成矽卡岩,同时成矿物质发生沉淀,形成充填交代矿体。

3. 变质型

变质型矿床分布在热闹-青石预测工作区、上甸子-七道沟预测工作区。

(1)空间分布:主要分布在白山—通化地区的热闹-青石预测工作区、上甸子—七道沟地区。

(2)成矿时代:前寒武纪。

(3)大地构造位置:位于前南华纪华北东部陆块(Ⅱ),胶辽吉古元古代裂谷带(Ⅲ),老岭坳陷盆地内。

(4)赋矿层位:古元古界蚂蚁河(岩)组变质岩系碎屑岩-碳酸盐岩。

(5)矿体特征:矿体一般20m以下为原生矿石。矿床内主要矿体组成了一个北东-南西向的中央矿带,长1 500m左右,各矿体或矿脉之间在平面上和剖面上均呈雁行式排列,具有尖灭侧现或尖灭再现特点,矿体为变化不大的脉状矿体,矿体倾角普遍较陡,为50°~90°,一般在70°以上。个别矿体在倾向上有扭曲现象。矿体长120~360m,宽0.1~5m,黄铁矿体一般长50m左右,宽0.2~3m。

(6)地球化学特征。

微量元素特征:矿床围岩大理岩中Pb的平均质量分数为$88×10^{-6}$,Zn的平均质量分数为$730×10^{-6}$,与涂里干和魏德波尔(1961)的世界碳酸盐Pb、Zn平均质量分数比,分别是后者的9.7倍和36.5倍,表明大理岩中Pb、Zn的丰度比较高。矿石中除主要成矿元素S、Zn、Pb外,有意义的伴生元素有Ag、Sb、As、Cd等。

硫同位素特征:根据荒沟山铅锌矿床中产于不同类型岩石和矿石中的各种硫化物进行了硫同位素测定,显示$δ^{34}S$值在+2.6‰~+18.9‰,多大于+10‰,均为较大的正值,表明富集重硫。$δ^{34}$值总的变化范围为+10‰~+18.9‰。

碳、氧同位素:围岩白云石大理岩和矿脉中的白云石的$δ^{18}O$值与正常海相沉积的一般值相吻合,它的$δ^{13}C$值也与海相沉积的相吻合,而完全不同于火成岩体,两个大理岩的$δ^{13}C$为较大的负值,明显富集轻碳。

铅同位素:测定表明(陈尔臻,2001),方铅矿的铅同位素组成非常均一,$^{206}Pb/^{204}Pb$为15.390~15.608,$^{207}Pb/^{204}Pb$为15.203~15.321,$^{208}Pb/^{204}Pb$为34.721~34.961,$^{208}Pb/^{207}Pb$为0.012~1.022,$φ$值为0.783 3~0.807 0。它的模式年龄为1 890~1 800Ma,根据1 800Ma的模式年龄,求得矿物形成体系的$^{238}U/^{204}Pb(μ$值)为9.38,$^{232}Th/^{204}Pb(μk$值)为35.03,进而求得Th/U值为3.71,与金丕兴等(1992)的研究结果基本一致,表明矿石铅是沉积期加入的。

(7)成矿物质来源:由硫同位素特征、碳氧同位素特征、微量元素特征分析,矿体中的硫直接来源于地层,最初硫源是海水中的硫酸盐。

(8)成矿物理化学条件。

成矿温度:在147~291℃之间,多数在200~300℃之间。

成矿压力:250~350MPa。

包裹体特征:根据矿床主要受层间断裂控制以及矿物包裹体爆裂温度、硫同位素地质温度、矿物包裹体气热成分、矿体内含氧矿物的氧同位素组成和热晕-蒸发晕资料等确定成矿溶液为变质热液。矿床是属于"矿源层"经变质热液再造而成的后生层控黄铁矿床。

(9)控矿因素:蚂蚁河(岩)组大理岩控矿,北东向断裂具控矿和储矿。

(10)成矿作用及演化:原始沉积的古元古界老岭(岩)群古老基底及寒武系碎屑岩-碳酸盐岩,富含大量的Au、Ag、Cu、Pb、Zn等成矿物质,为初始矿源层,燕山期花岗岩侵位后,逐步活化地层中的造矿元素,随着岩浆期后的富硅、矿质交代作用进行,残余岩浆热液中不断富集矿化剂,形成以含金硫铁矿氯络合物为主的矿液,在热动力驱动下,矿液向低压的有利构造空间运移,当到达天水线时被冷却凝结,同时与天水混合和被氧化形成含HCO_3^-、HCl^-、HSO_4^-等酸性溶液向下淋滤,大量的金属阳离子被带入热液,在弱碱性介质条件下,金硫铁矿沉淀富集成矿。

4. 沉积型

沉积型矿床分布在西台子预测工作区。

(1)空间分布:分布在吉林地区的桦甸市西台子地区。

(2)成矿时代:成矿与成岩是在一个沉积环境中形成的,在时间上一致。成矿时代为燕山晚期。

(3)大地构造位置:位于东北叠加造山-裂谷系(Ⅰ),小兴安岭-张广才岭叠加岩浆弧(Ⅱ),张广才岭-哈达岭火山-盆地区(Ⅲ),南楼山-辽源火山-盆地群(Ⅳ),辉发河断裂以北地槽区。

(4)赋矿层位:矿体赋存在褶皱构造两翼的桦甸组下部含硫铁矿(含油)页岩段。

(5)矿体特征:含矿层内呈层状连续分布,矿体主要赋存在 50~300m 标高范围内,矿体长 5km 左右,呈层状,厚度自数十厘米至 1m,沿倾斜延深 173~650m。矿体走向 338°~98°,倾角一般均缓,两侧较陡,上段倾角 20°~45°,下段 15°~30°,中部平缓,为 5°~15°。矿体分布较为规律,连续稳定,但在局部变化较大,有尖灭再现现象。

剥蚀程度较浅,矿体的剥蚀深度在 100m 左右。

(6)成矿物质来源:主要来自丰度值较高的桦甸油页岩组地层。

(7)控矿因素:北东向向斜构造带、桦甸组(含油)页岩地层控矿。

(8)成矿作用及演化:西台子硫铁矿床是在还原介质中生成的,尤其盆地煤层中含有很多的有机质,易促成硫酸盐的还原作用。由于动植物腐败聚积了大量的硫化铁凝胶,然后逐渐堆积成结核状的黄铁矿与白铁矿,它们往往在原生成岩作用的同时阶段中生成,所见到结核在构造上特点是不切穿层理,层理在近结核处随结核的形状而成弯曲。矿石的组成成分、结构构造、围岩特征及围岩内化石种类,表明矿床是在沉积分异作用变化较大,又是强烈还原环境下封闭或半封闭的水盆地内堆积形成的,矿床为产于煤系页岩或黏土中的沉积硫铁矿床。

二、区域成矿规律图编制

通过对硫铁矿成矿规律研究,从典型矿床到预测工作区成矿要素及预测要素的归纳总结,编制了吉林省硫铁矿区域成矿规律图。

1. 底图

成矿规律图应采用成矿地质背景组编制的 1:50 万吉林省大地构造相图为底图,但因大地构造相图没有及时完成,现采用 1:50 万吉林省地质图。

2. 编图内容

区域成矿规律图中反映了硫铁矿床、矿点、矿化点及与其共生矿种的规模、类型、成矿时代,成矿区(带)界线及区(带)名称、编号、级别,与硫铁矿种的主要和重要类型矿床勘查及预测有关和综合预测信息,主要矿化蚀变标志,圈定了主要类型矿床和远景区。

3. 矿种的选择

吉林省硫铁矿成矿规律图所表达的矿种主要是硫铁矿及与硫铁矿共伴生的矿种,与本次预测无关或在成因上没有必要联系的其他矿种在图面上没有表达。

第八章 勘查部署工作建议

第一节 已有勘查程度

吉林省硫铁矿经过了几十年的勘查及研究，但纵观吉林省已往硫铁矿勘查工作，程度较低。在勘查区域上只是对典型矿床所在区域进行了大比例尺的工作，其他地区没有开展深入工作。在勘查程度上，只有放牛沟预测工作区、倒木河-头道沟预测工作区、上甸子-七道岔预测工作区、西台子预测工作区较高，达到详查以上工作程度，勘探深度达到400m左右，西台子地区最大勘探深度达到650m左右，大部分地区勘查程度较低，仍然停留在普查以下，勘探深度在300m以浅。

第二节 矿业权设置情况

吉林省硫铁矿矿业权设置主要集中在放牛沟预测工作区、倒木河-头道沟预测工作区、上甸子-七道岔预测工作区、西台子预测工作区，其余预测工作区零星分布。

第三节 勘查部署建议

一、工作程度较高的地区

在工作程度较高的放牛沟预测工作区、倒木河-头道沟预测工作区、上甸子-七道岔预测工作区、西台子预测工作区开展深部找矿工作，加大深部勘探，同时开展外围矿产勘查工作。

二、工作程度较低的地区

对工作程度较低的预测工作区，应有计划地系统开展地质找矿工作，加大1：5万矿产资源调查，加强矿产预查、普查工作。

本次结合地质、物探、化探、遥感等资料成果重新进行综合分析，圈定了1：5万预测工作区中的最小预测区共11个,并进行了相应的分级,其中A级预测区4个,为成矿条件良好区,具有良好的找矿前景;B级预测区2个,成矿条件较好,具有较好的找矿前景。因此,应注意对这些可能有中型以上矿床的预测区组织力量开展矿产勘查工作。

第四节 勘查机制建议

一、着眼当前,兼顾长远

围绕解决资源瓶颈问题重点部署相关工作,工作安排突出重点成矿区(带),围绕工作程度相对较高的重点勘查区部署矿产勘查工作,力争近期取得重大突破,同时对基础地质调查和矿产资源远景调查评价工作进行详细安排,为今后的矿产勘查工作提供选区。

二、统筹协调,有机衔接

按照"公益先行,基金衔接,商业跟进,整装勘查,快速突破"的原则,尊重市场经济规律和地质工作规律,主要依靠社会资金开展勘查工作,公益性地质工作主要打好找矿基础,摸清资源潜力,积极引入商业性矿产勘查,发挥地勘基金调控和降低勘查风险的作用。鼓励地勘单位的专业技术优势与矿业企业资金管理优势的联合,协调推进,集团施工,加快推进整装勘查的实施。

三、因地制宜,分类实施

对于工作程度较低的重点区域,统筹规划,主要由财政资金投入勘查,已经具有一定工作基础、有望达到大型矿产地的普查区矿产地引进大企业规模开发,中小型矿产地进行储备。其他地区由财政资金开展前期基础地质调查和矿产远景调查工作,后续的风险勘查工作主要由社会资金承担。

四、统一部署,联合攻关

在整装勘查区内根据工作程度,统筹部署地质填图、区域地球化学、区域地球物理等基础地质工作以及矿产远景调查、矿产勘查和科学研究工作。大力推广新技术新方法的应用,加强成果集成和综合研究,深化成矿规律认识,指导区内找矿。

五、深挖掘资料,有序推进

充分利用国土资源大调查、战略性矿产远景调查、危机矿山接替资源找矿以及全省矿产资源潜力评价等专项成果与资料,以现代成矿理论为指导,研究成矿规律,总结找矿模式,充分依靠现代深部探测方法技术,应用地质、物探、化探、遥感和探矿工程等综合手段;加大深部验证力度,加强综合研究,全面统筹安排整装勘查,相互衔接,有序推进。

六、深浅部结合,整体控制

矿产远景调查,矿产调查评价和矿产普查、详查工作要合理安排各种地质、物探、化探工作和探矿工程,构成一个整体。对主要矿床、主要矿体加大工程验证和控制力度,进行浅、中、深部整体控制,查明资源储量;同时加强外围找矿,扩大勘查区资源远景,力求通过系统的勘查工作形成接替资源基地。

七、地表转隐伏,攻深找盲

随着地质工作程度提高,特别是东部地区,要从找地表矿向找深部隐伏矿转变,建立模式找矿理念。以当代成矿理论为指导,加强矿化富集规律研究和找矿模式的总结与运用,综合应用大比例尺地质、物探、化探等手段,充分依靠现代深部探测方法技术,开展深部找矿预测,加大钻探验证力度。

八、产学研结合,培养人才

为进一步加强产学研相结合,拟将吉林大学纳入项目承担单位的范畴,发挥各大院校优势,既解决与成矿有关的重大理论问题,又培养理论联系实际的合格人才。

第五节 未来勘查开发工作预测

一、资源基础

吉林省硫铁矿预测资源量如下。
(1)放牛沟预测工作区:334-1 为 2 726.71kt,334-2 为 861.21kt,合计 3 587.92kt。
(2)倒木河-头道沟预测工作区:334-1 为 2 681.01kt,334-2 为 1 982.84kt,合计 4 663.85kt。
(3)热闹-青石预测工作区:334-2 为 284.99kt。
(4)上甸子-七道岔预测工作区:334-1 为 2 010.58kt,334-2 为 151.06kt,合计 2 161.64kt。
(5)西台子预测工作区:334-1 为 585.41kt,334-2 为 821.82kt,合计 1 407.23kt。

二、未来开发基地预测

根据硫铁矿预测资源量,对有望形成的资源开发基地、规模、产能等的预测,见表8-5-1。

表 8-5-1 吉林省未来硫铁矿开发基地预测表

序号	基地名称	储量/kt	规模	产能(金属量)/t·a^{-1}
1	放牛沟未来硫铁矿开发基地	3 587	中型	150
2	倒木河-头道沟未来硫铁矿开发基地	4 663	中型	200
3	上甸子-七道岔未来硫铁矿开发基地	2 161	中型	100
4	热闹-青石未来硫铁矿开发基地	285	小型	10
5	西台子未来硫铁矿开发基地	1 407	小型	50

第九章 结 论

一、取得的主要成果

（1）系统地总结了吉林省硫铁矿勘查研究历史及存在的问题、资源分布，划分了硫铁矿矿床类型，研究了硫铁矿成矿地质条件及控矿因素。从空间分布、成矿时代、大地构造位置、赋矿层位、岩浆岩特点、围岩蚀变特征、成矿作用及演化、矿体特征、控矿条件等方面总结了预测区及全省硫铁矿成矿规律。建立了不同成因类型典型矿床成矿模式和预测模型。

（2）确立了不同预测方法类型预测工作区的成矿要素和预测要素，建立了不同预测方法类型预测工作区的成矿模式和预测模型。

（3）第一次全面系统地用地质体积法预测了全省硫铁矿不同级别的资源量，在5个硫铁矿预测工作区中圈定了4个模型区，7个最小预测区。

（4）对吉林省硫铁矿未来勘查工作规划提出了部署建议，对未来矿产开发基地进行了预测。

二、质量评述

（1）本次预测工作的全部技术流程完全是按照全国项目办的矿产预测技术要求和预测资源量技术估算技术要求（2010年补充）开展的，技术含量较高，预测的资源量可靠。

（2）所有工作全部做到三级质量检查，成果质量是可信的，是几十年来少有的较高水平、全面系统的科研成果。

三、建议

建议将来在开展此项工作，要调整技术流程。首先应该在1：25万或1：20万建造构造图的基础上，叠加1：20万物探、化探异常，在此基础上圈定1：25万或1：20万尺度的预测区；在1：25万或1：20万尺度预测区的范围内编制1：5万构造建造图，叠加1：5万物探化探异常，得到1：5万最小预测区，开展资源储量预测；在1：5万最小预测区的基础上亦可开展更大比例尺的资源预测。

主要参考文献

陈毓川,王登红,陈郑辉,等,2010.重要矿产和区域成矿规律研究技术要求[M].北京:地质出版社.
陈毓川,王登红,李厚民,等,2010.重要矿产预测类型划分方案[M].北京:地质出版社.
范正国,黄旭钊,熊胜青,等,2010.磁测资料应用技术要求[M].北京:地质出版社.
龚一鸣,杜远生,冯庆来,等,1996.造山带沉积地质与圈层耦合[M].武汉:中国地质大学出版社.
贺高品,叶慧文,1998.辽东—吉南地区中元古代变质地体的组成及主要特征[J].长春科技大学学报,28(2):152-162.
吉林省地质矿产局,1979.吉林省区域地质志[M].北京:地质出版社.
吉林省地质矿产局,1989.吉林省区域矿产志[M].北京:地质出版社.
吉林省地质矿产局,1997.吉林省岩石地层[M].北京:地质出版社.
贾大成,1988.吉林中部地区古板块构造格局的探讨[J].吉林地质(3):58-63.
金伯禄,张希友,1994.长白山火山地质研究[M].延吉:东北朝鲜民族教育出版社.
李东津,万庆有,许良久,等.吉林省岩石地层[M].武汉:中国地质大学出版社.
李之彤,李长庚.吉林磐石—双阳地区金硫铁矿多金属矿床地质特征成矿条件和找矿方向[M].长春:吉林科学技术出版社,1994.
刘嘉麒,1989.论中国东北大陆裂谷系的形成与演化[J].地质科学(3):209-216.
彭玉鲸,苏养正,1997.吉林中部地区地质构造特征[J].沈阳地质矿产研究所所刊(5/6):335-376.
邵济安,唐克东,1995.中国东北地体与东北亚大陆边缘演化[M].北京:地震出版社.
邵建波,范继璋,2004.吉南珍珠门组的解体与古—中元古界层序的重建[J].吉林大学学报(地球科学版),34(20):161-166.
王东方,等,1992.中朝地台北侧大陆构造地质[M].北京:地震出版社.
王集源,吴家弘,1984.吉林省元古宇老岭群的同位素地质年代学研究[J].吉林地质,3(1):11-21.
向运川,任天祥,牟绪赞,等,2010.化探资料应用技术要求[M].北京:地质出版社.
熊先孝,薛天兴,商朋强,等,2010.重要化工矿产资源潜力评价技术要求[M].北京:地质出版社.
叶天竺,姚连兴,董南庭,等,1984.吉林省地质矿产局普查找矿总结及今后工作方向[J].吉林地质,3(3):8.
殷长建,2003.吉林南部古—中元古代地层层序研究及沉积盆地再造[D].吉林:吉林大学.
于学政,曾朝铭,燕云鹏,等,2010.遥感资料应用技术要求[M].北京:地质出版社.
张秋生,李守义,1985.辽吉岩套——早元古宙的一种特殊优地槽相杂岩[J].长春地质学院学报,39(1):1-12.
赵冰仪,周晓东,2009.吉南地区古元古代地层层序及构造背景[J].世界地质,28(4):424-429.
赵春荆,彭玉鲸,党增欣,等,1996.吉黑东部构造格架与地壳演化[M].沈阳:辽宁大学出版社.

内部主要参考资料

地质部吉林省地质局区域地质测量第四分队,1966.1:20万浑江市幅区域地质测量报告书[R].长春:地质部吉林省地质局区域地质测量第四分队.

地质部吉林省地质局区域地质测量第四分队,1966.1:20万漫江、长白县幅区域地质测量报告书[R].长春:地质部吉林省地质局区域地质测量第四分队.

吉林省地勘局区域地质矿产调查所,1996.1:5万西下坎区域地质调查报告[R].长春:吉林省地勘局区域地质矿产调查所.

吉林省地矿局区域地质矿产调查所,1989.1:5万杨家店幅区调报告[R].长春:吉林省地矿局区域地质矿产调查所.

吉林省地质调查院,2004.1:25万汪清县幅区域地质调查报告[R].长春:吉林省地质调查院.

吉林省地质调查院,吉林省区域地质矿产调查所,2000.1:5万石道河子幅区调报告[R].长春:吉林省地质调查院.

吉林省地质调查院,吉林省区域地质矿产调查所,2004.1:25万延吉市幅区域地质调查报告[R].长春:吉林省地质调查院.

吉林省地质局第六地质调查所,1993.1:5万十里坪幅区域地质调查报告[R].长春:吉林省地质局第六地质调查所.

吉林省地质局第六地质调查所,1993.1:5万汪清县幅区域地质调查报告[R].长春:吉林省地质局第六地质调查所.

吉林省地质局第三地质大队,1979.吉林省伊通县放牛沟多金属硫铁矿床总结勘探报告[R].长春:吉林省地质局第三地质大队.

吉林省地质局第四地质队,1967.1:20万延吉市幅区域地质调查报告[R].长春:吉林省地质局第四地质队.

吉林省地质局吉中地区综合地质大队,1977.吉林省永吉县头道沟硫铁矿地质勘探报告[R].长春:吉林省地质局吉中地区综合地质大队.

吉林省地质局吉中地区综合地质大队第三分队,1973.吉林省桦甸县西台子硫铁矿区勘探总结报告[R].长春:吉林省地质局吉中地区综合地质大队第三分队.

吉林省地质局区域地质测量第四分队,1966.1:20万长春市幅区域地质测量报告书[R].长春:吉林省地质局区域地质测量第四分队.

吉林省地质局区域地质调查大队,1976.1:20万柳河县幅区域地质图及区域地质测量报告书[R].长春:吉林省地质局区域地质调查大队.

吉林省地质局区域地质调查大队,1979.1:20万靖宇县幅地质矿产图及普查报告[R].长春:吉林省地质局区域地质调查大队.

吉林省地质局区域地质调查大队,1979.1:20万靖宇县幅区域地质测量报告书(矿产部分)[R].长春:吉林省地质局区域地质调查大队.

吉林省地质局区域地质调查大队,1983.1:20万珲春县幅、春化公社幅、敬信公社幅区域地质调查报告[R].长春:吉林省地质局区域地质调查大队.

吉林省地质局通化地质大队苇沙河地质队,1960.吉林省浑江市苇沙河-珍珠门多金属黄铁矿区1960年度普查勘探地质报告[R].长春:吉林省地质局通化地质大队苇沙河地质队.

吉林省地质局通化地质大队苇沙河地质队,1962.吉林省浑江市荒沟山铅锌黄铁矿床1961年度储量报告说明书[R].长春:吉林省地质局通化地质大队苇沙河地质队.

吉林省地质局直属专业综合大队,1972.1:20万桦树林子幅区域地质测量报告书(矿产部分)[R].长春:吉林省地质局直属专业综合大队.

主要参考文献

吉林省地质局直属专业综合大队,1972.1:20万桦树林子幅区域地质测量报告书[R].长春:吉林省地质局直属专业综合大队.

吉林省地质局直属专业综合大队,1973.1:20万明月镇幅地质矿产图及说明书[R].长春:吉林省地质局直属专业综合大队.

吉林省地质矿产局第二地质矿产调查所,1995.1:5万三道林场幅、和龙煤矿幅、荒沟林场幅区域地质调查报告[R].长春:吉林省地质矿产局第二地质矿产调查所.

吉林省地质矿产局第六地质矿产调查所,1988.1:5古洞河幅、卧龙幅区域地质调查报告[R].长春:吉林省地质矿产局第六地质矿产调查所.

吉林省地质矿产局第六调查所,1995.1:5万杜荒子幅[R].长春:吉林省地质矿产局第六调查所.

吉林省地质矿产局区域地质调查大队,1983.1:20万珲春县幅、春化公社幅、敬信公社幅[R].长春:吉林省地质矿产局区域地质调查大队.

吉林省区域地质调查大队,1977.1:20万白山市幅地质图及说明书[R].长春:吉林省区域地质调查大队.

吉林省区域地质调查大队,1977.1:20万通化市幅地质图及说明书[R].长春:吉林省区域地质调查大队.

吉林省区域地质矿产调查所,1985.1:5万马滴达幅、五道沟幅、大西南岔幅[R].长春:吉林省区域地质矿产调查所.

吉林省区域地质矿产调查所,1986.1:20万磐石县幅地质测量报告书[R].长春:吉林省区域地质矿产调查所.

吉林省区域地质矿产调查所,1986.1:20万磐石县幅地质矿产图及说明书[R].长春:吉林省区域地质矿产调查所.

吉林省区域地质矿产调查所,1988.1:20万吉林市幅地质测量报告书[R].长春:吉林省区域地质矿产调查所.

吉林省区域地质矿产调查所,1988.1:20万吉林市幅地质矿产图及说明书[R].长春:吉林省区域地质矿产调查所.

吉林省区域地质矿产调查所,1988.1:5万复兴村幅、榆林镇幅、集安县幅、江口村幅区域地质调查报告[R].长春:吉林省区域地质矿产调查所.

吉林省区域地质矿产调查所,1989.1:5万三道沟幅[R].长春:吉林省区域地质矿产调查所.

吉林省区域地质矿产调查所,1994.1:5万辉南镇幅、样子哨幅、金川镇幅区调报告[R].长春:吉林省区域地质矿产调查所.

吉林省区域地质矿产调查所,1999.1:5万大蒲才河幅、大甸子幅区域地质图及说明书[R].长春:吉林省区域地质矿产调查所.

吉林省区域地质矿产调查所,2003.1:25万辽源市幅地质图及说明书[R].长春:吉林省区域地质矿产调查所.

吉林省区域地质矿产调查所,2006.1:25万白山市幅地质图及说明书[R].长春:吉林省区域地质矿产调查所.

吉林省区域地质矿产调查所,2006.1:25万长白县幅区域地质图及说明书[R].长春:吉林省区域地质矿产调查所.

吉林省区域地质矿产调查所,2006.1:25万长春市幅地质图及说明书[R].长春:吉林省区域地质矿产调查所.

吉林省区域地质矿产调查所,2006.1:25万吉林市幅地质图及说明书[R].长春:吉林省区域地质矿产调查所.

吉林省区域地质矿产调查所,2006.1∶25万靖宇县幅地质图及普查报告[R].长春:吉林省区域地质矿产调查所.

吉林省区域地质矿产调查所,2006.1∶25万通化市幅地质图及说明书[R].长春:吉林省区域地质矿产调查所.

吉林省区域地质矿产调查所,吉林地质调查院,2001.1∶5万石砚区域地质调查报告[R].长春:吉林省区域地质矿产调查所.

吉林省区域地质矿产调查所,吉林省地质调查院,2006.1∶25万春化幅区域地质调查报告[R].长春:吉林省区域地质矿产调查所.

吉林省区域地质矿产调查所,吉林省地质矿产勘查开发研究院.1∶25万和龙市幅区域地质调查报告[R].长春:吉林省区域地质矿产调查所.

吉林省区域地质矿产局区域地质矿产调查所.1∶20万白头山幅区域地质调查报告[R].长春:吉林省区域地质矿产局区域地质矿产调查所.